跨國企業高階主管教您————

運用心智圖思考　創造百億業績

職場五力
成功方程式

【暢銷改版】

作者——**陳國欽** 前HP資深副總

顧問——**孫易新** 華人心智圖法大師

啟動成功方程式
讓能力被看見

「**簡**單是最高層次的複雜」，如何把複雜事變簡單化，是今日職場競爭的成功秘訣。面臨資訊氾濫的高壓力時代，簡化力就是競爭力。本書《職場五力成功方程式》，以易學易懂的範例、一目瞭然的圖表，化繁為簡、整合架構、程序清楚，教導大家如何有效率應付及處理平日龐雜的工作，以達事半功倍效果，如此在職場上表現必能出類拔萃，生產力及市場競爭力也必然大增。

全球情勢瞬息萬變，無論各行各業都面臨空前的競爭，常常有人埋怨應變都來不及了，哪有時間思考策略。所以我們都必須更努力工作，還必須用對方法。希望透過這本書，大家都能掌握成功的秘訣，從 work hard 躍升到 work smart，樂在工作，享受人生。

華航集團華信航空去年10月曾邀請國欽主講「心智圖法於職場之高效應用」，教導如何將最迅速有效的心智圖法成功運用在企劃、銷售、溝通、領導各方面，對公司員工總體效能有顯著提升。在此特別感謝國欽的熱心指導，也預祝這本《職場五力成功方程式》暢銷熱賣，幫助更多人找出自己的成功方程式！

Enjoy Reading.

孫洪祥
前中華航空董事長

台灣惠普為台灣培育出很多優秀的商場經理人，其中惠普風範的核心價值功不可沒。惠普以人為本的價值觀為人激賞，也積極培養優秀的人才，因此科技業界中不少翹楚來自惠普，對產業貢獻良多。

國欽兄這本《職場五力成功方程式》整合了職場五大核心競爭力，簡單易懂又有深度內涵，也展現出惠普風範的創新價值，不愧是惠普所培育多年的員工。他成功地把一家全球企業的優點加上個人所創的特別方法，融合成職場成功關鍵。願國欽兄這本書能啟發更多的職場人士，邁向成功之路。

黃河明

前 HP 惠普科技董事長
現任悅智全球顧問股份有限公司董事長

◆

古今中外，在社會與職場中永遠都存在著各種工作上的變化與挑戰，要想克服與解決這些變化與挑戰，除了需要學校教科書上分門別類的「基本知識」外，更需要許多教科書上沒有提到、屬於執行面的「實務知識」，也就是「如何應用」這些教科書上的知識。這些實務知識越豐富，在對應的工作上就越順手，最終的個人職場價值就越高。

在過去與國欽共事期間，國欽一直都是一位很有想法並能舉一反三的同事。在這本《職場五力成功方程式》書中，國欽根據他豐富的經驗，很有創意的使用他所擅長的心智圖法，將許多零散的觀念以簡單圖表清楚說明其間之關係，讓讀者能更宏觀的了解第一線

（Field）行銷與業務的全貌，以及自身之角色與價值。更以淺顯易懂的文句，系統化分享了許多第一線（Field）行銷與業務工作之戰略、戰術及戰技構面上的相關實務作法與心得。這些難得及豐富的內容具有相當高的實務價值，可以省去行銷與業務相關人員與主管在工作上許多摸索的時間與資源的浪費，謹此推薦。

黃士修

前 HP 惠普科技影像列印事業群副總裁
前 Asus 華碩科技執行長特別助理

WBSA（World Business Strategist Association）世界商務策劃師聯合會，1998 年成立於香港，目前將行政總部設在新加坡，以「培育、發展21世紀創新型企劃人才」為使命。

國欽是台灣 WBSA 高階認證班學員及創新企劃學院所要培育的人才之一。WBSA 是以策略、創新、設計思考為三大企劃原理，而其所著作的《職場五力成功方程式》整合了職場最常用的企劃策略、技術、工具，以獨特的體驗方式創新呈現，並輔以簡單易懂的流程模組設計，這與 WBSA 的三大企劃原理是相通的。祝福國欽在教育市場發光發亮，也相信這本書一定能幫助更多的職場人士成功！

鄭啟川

台灣企劃塾終身學習講堂創辦人
WBSA 世界商務策劃師聯合會台灣辦事處負責人

有一天國欽透過網路查詢，直接跑來辦公室找我，詢問有關NLP神經語言課程。那時我問他：「你為什麼要學NLP？」他的回答只有四個字：「幫助別人。」

一個外商的高階主管，開口不是生意經，竟然是幫助別人，真的很令我驚訝，這跟我創立元碩身心管理學院的宗旨是一樣的。

在工作方面，國欽在資訊業界是經驗豐富的佼佼者；而在個人成長方面，舉凡心智圖法、演講、主持、命理、音樂、魔術，也都難不倒他，可說是一個「文武雙全」的科技業人才。

NLP是一套非常有效的實用行為心理學技巧，廣泛應用於個人發展、人際關係及溝通、企業及業務管理，以及教育、心理治療等各方面，是專業人士必學的重建自我及幫助別人的技術。

我看到國欽把NLP納入職場溝通技巧，並且舉出這麼多NLP在職場活靈活現的應用，真是讚嘆不已。相信這本書一定會如國欽所願，幫助到很多需要幫助的人。

楊博如

元碩身心管理學院創辦人
地球大學創辦人

創造高績效的實踐

每天忙到幾乎爆肝，還被主管盯得滿頭包！

為什麼有人每天泡茶、喝咖啡、打高爾夫球，卻可以坐擁高薪，年年升遷？

我的問題在哪裡？他們的成功秘訣是什麼？

　　2001年夏天，時任HP產品經理的國欽，帶著困惑來到我的辦公室尋求協助，希望我能提供實用的解決方案。而在我們稍微聊過之後，國欽立刻報名參加心智圖法培訓課程。

　　道理很簡單，我只說明了幾個心智圖法的核心概念：關鍵字思考法、分析與歸納的金字塔結構、擴散與收斂的相互應用。至於圖像與色彩，雖然也是心智圖法的核心關鍵，但我當場提都不提。

　　為什麼呢？因為滿足客戶需求、解決客戶的問題才是重點，而不是把你所有的東西全都丟給客戶，這才符合心智圖思考法強調的「Map of Your Mind」。

　　課程結束之後，國欽將課堂上所學應用到工作職場，不僅大幅提升工作績效，還晉升為HP的資深副總經理。為了讓部門同仁以及經銷商的成員也能善用心智圖法，國欽還來接受我們公司的師資培訓，以便指導他的團隊成員如何正確使用心智圖法。

後來國欽在許多演講的場合都提到，在他任職HP期間，每年能夠順利達成近百億業績，就是因為心智圖法是大家的共同思考模式，以最有效率、充滿創意，又兼具周延思考的模式，構思工作上的每一個環節。

　　最近國欽由外商高階主管轉換跑道，轉任浩域企業管理顧問股份有限公司專職顧問講師。我與他聊到，知識必須分享才有價值，知識的擴散也是我們生命延續的一種形式，鼓勵他將職場上應用心智圖法成功的實踐方法撰寫成書，分享給更多有緣人。

　　在此，也非常感謝商周出版的鼎力相挺，讓本書能順利付梓，謝謝！

孫易新
www.MindMapping.com.tw

內化五力，職場人生大不同

高度運用心智圖法的結果，使我的思考力迅速提升，並間接打通企劃力、銷售力、溝通力、領導力，累積許多職場相關流程模組。

我將這些經驗稱之為「職場五力成功方程式」，分享給職場工作者，期許大家一起朝向 work smart、work happy 的目標邁進。

　　2000 年，我擔任外商產品經理一職，必須一個人負責全產品線的總體業績、營運策略、市場行銷、品牌定位、訂定價格、通路開發及相關促銷，需要強大的職場能力來運轉這些龐大複雜的工作。

　　當時我運用傳統工作思考模式，很認命、努力的去消化每一件事，不但弄得自己身心疲累，且效果不佳。後來在一次偶然的機會，我接觸到心智圖法，思維在一夕之間蛻變，工作展現及升遷機會也隨之而來。

傳統工作模式之缺點	心智圖法模式之優點
思緒雜亂，不知所措，無效思考。	化繁為簡，掌握本質，流暢思考。
缺乏整合，沒有流程，無法計劃。	整合架構，流程分明，全面計劃。
不具條理，沒有邏輯，無法溝通。	條理分明，易懂易記，有效溝通。
不明程序，沒有步驟，無法執行。	程序清楚，易於跟隨，順利執行。

我從經驗中發現到：心智圖法最大優點，是為克服傳統工作模式缺點而生。也因為心智圖法的高度運用，思考力迅速提升，並如同撞球理論般間接打通了企劃力、銷售力、溝通力、領導力。就像金庸小說《倚天屠龍記》中的張無忌，當學會了九陽神功，功力大增，體內寒毒竟不治而癒，且因打通任督二脈，學乾坤大挪移只花三個時辰，而張三豐的太極拳也能在瞬間內化……

　　多年來，透過心智圖法的內化及高度運用，使我累積了許多職場相關的流程模組，這些模組大致可分為五大類——思考、企劃、銷售、溝通、領導，我將這樣的經驗稱之為「職場五力成功方程式」。取名方程式，意思是有效的、成功的，可重複運用的套路，而其運用效果已從我本身及聽過我課程的學員身上獲得印證。

　　記得當年在與恩師HP黃士修總經理討論產品企劃時，他常幽默的對我說：「King，如果我們沒寫過書，最好方式就是參照書上的理論，不要自己發明。當然我期待有一天能看到你寫的書。」如今，我從外商管理階層轉戰顧問講師，第一件事就是把自己的職場學習及經驗匯集出版，而且書名還是黃總經理給我的建議，算是感念他的知遇之恩。

　　盼望大家讀完這本簡單易學的高效工具書之後，都能夠縱橫職場，無往不利，進而得到美麗富足的人生。

陳國欽

2015 年 7 月

Contents / 目錄

Chapter. 1　思考力（心智圖法：Mind Mapping）

思考力是人類最基本的能力，心智圖法是大腦使用說明書、職場九陽神功，
學會了心智圖法，就等於學會了處世及職場所有的能力。

Chapter. 2　企劃力（IMP整合行銷流程）

企劃力是職場進階核心競爭力之一，學會IMP整合行銷流程，
可以有效提升企劃能力，掌握「不可被取代」的競爭優勢和升官之鑰！

Chapter. 3 銷售力（WSP致勝銷售流程）——123

銷售力是職場生存的基礎核心競爭力，學會WSP銷售流程，
懂得思考「能不能贏，值不值得贏，知道怎麼贏」，是銷售人員的第一課！

Chapter. 4 溝通力（溝通3S法則）——153

溝通力是職場五力中最有趣的章節，學會溝通3S法則，
可以讓你從很愛說話提升到很會說話，迅速有效地達成說服目的。

Chapter. 5 領導力（領導四大支柱）——187

領導力是職場的高階核心競爭力，學會領導四大支柱，
經歷過管理階層的歷練，整個職場生涯才算是真正的完整。

本書特色與架構

目前有關職場五力的相關知識，只要在網路上搜尋，即可輕易取得。而什麼樣的書可以讓讀者看過後，有所收獲且久久不忘？當我在思索這個問題時，想起高中時代為了學習吉他，買了很多吉他樂理的書（那個年代沒有網路），厚厚幾本，乍看十分飽滿，但是再怎麼知識浩瀚，若是不得其門而入，也是無用。

有一天，無意間翻到一本民謠小書，裡面只有幾個簡單的音階圖示、和弦概念，卻讓我在瞬間體會到音樂的原理，後來吉他也就無師自通。這個深刻的體驗，對我日後學習有很大的啟發，傳達的重點不在你說了多少，而是對方理解多少、記住多少，哪怕是幾個很簡單的重點，只要對方內化而永遠不忘，就值得了。

這本書彙整了我多年的工作經驗，其實就等於是一個工作回憶錄，因為我有做知識管理的習慣，就索性野人獻曝的拿出來跟讀者分享，內容也許未達維基標準，也許沒有學者們的知識豐富，但都是我經歷多年戰役的鮮活體驗，相信對想突破工作現狀的讀者應該會有所幫助。

另外，書中有時會引用到一些我工作上的相關例子，為了保護前公司的商業機密，舉例重點在於架構的引導，資訊內容只是假設，並非真實，在此先行聲明。

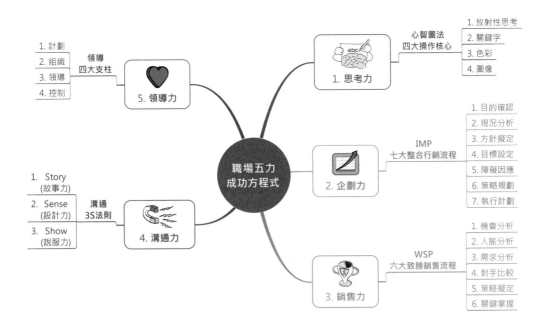

上面這張心智圖為職場五力的基礎架構，本書除了提供工作實例參考，最大特色是每一力都由思考黃金圈（Why、What、How）來啟動，之後再針對What部分作深度解說，在How部分做近距離體驗，提供實務範例參考，幫助讀者速記、理解及應用。

內化職場五力，掌握成功之鑰，相信在讀完本書之後，各位一定會得到很大的蛻變。

黃金圈基本結構

Why 心法：尋找動機，享受追尋。

What 理法：深入理解，究竟原由。

How 技法：強化體驗，感知內化。

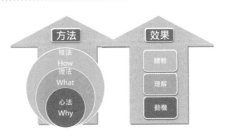

準備好啟動成功方程式了嗎？ *GO!*

Chapter. 1

思考力

心智圖法

| Mind Mapping |

思考力是人類最基本的能力，心智圖法
是大腦使用說明書、職場九陽神功，學
會了心智圖法，就等於學會了處世及職
場所有的能力。

思考力是人類最基本的能力，在本書中所強調的職場五力——思考力、企劃力、銷售力、溝通力、領導力，思考力可以說是第一課。

有了好的思考力，才能有進一步的職場核心競爭力。而什麼又是思考力最佳工具呢？答案就是本書主要思維架構——心智圖法。**心智圖法在生活上可以說是大腦使用說明書，在職場上則是職場九陽神功，學會了心智圖法，就等於學會處世及職場所有的能力。**

還記得15年前，我擔任外商產品經理，常日以繼夜的工作，我問自己，這是我要的生活嗎？然後上網搜尋「潛能」二字，直接映入眼簾的便是「Mind Mapping心智圖法」，發現原來我的偶像達文西的思考運作模式，就是心智圖法的思考模式。於是，我毫不考慮的登門拜訪孫易新老師，一路修完基礎班與講師班的課程。

自從學了心智圖法以後，我可以在2小時內寫出一份企劃書，並且結構化的涵蓋所有行銷目標、重點策略及執行方案；面對媒體，表現靈活自信，句句切中重點，達到市場溝通的成效；而管理成堆的電子郵件，也從以前的盲目隨讀，變成迅速分類、重點閱讀及有效回信；參與會議，亦能主動提出有效的會議方式，產生該有的效能，迅速達成共識，提供精簡易讀的會議記錄。

有一次公關組突然告知，《數位時代》要來採訪我有關5年級生的穿著品味與理念，我竟然只花10分鐘就把想法用心智圖完整的表達出來。還有一次臨時授命主導尾牙表演活動，剛接到任務時非常惶恐，畢竟這可不比大學時代，有籌備小組的集思廣益及全體表演人員多次的彩排練習，我必須自己編寫劇本，而且只有2小時作表演介紹及簡單的彩排練習。於是我運用心智圖法，在26分鐘內完成一個20人一起表演的歌舞劇，內容創新，極具舞台張力。

令我滿足的並非尾牙當晚得獎的喜悅，而是我居然能在如此短的時間，產生如此驚人的潛能，成功將心智圖法導入生活，全面改變自己的思考模式與生活態度。我第一次體會什麼叫「有如神助」，從靈修者角度，那暢快的感覺就像是接通了高我及指導靈。

　　後來我升上副總經理，同時帶領產品、通路及企業團隊，本以為會很累，當運用了心智圖法之後，不但不累，反而比當產品經理時更勝任愉快，原因是站在制高點上，更能與心智圖法的視野高度作完美結合。

　　關於思考力的學派眾多，說法也很多元，從我的角度，我只推薦一個，就是心智圖法。因為有了它，就等於納入所有的神功。

參考資料來源：《心智圖法理論與應用》孫易新／著（商周出版）

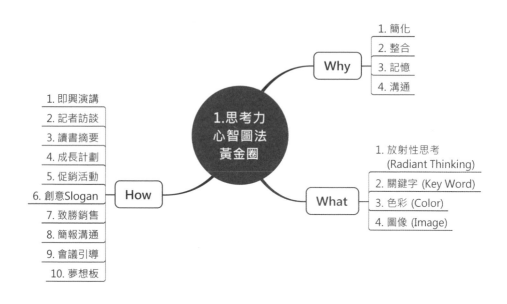

Why - 動機

1. 簡化：化繁為簡，直接用關鍵字。

2. 整合：找出關鍵字後，下一個動作就是架構層次，通盤整合。

3. 記憶：心智圖法能把短期記憶變成長期記憶。

4. 溝通：簡化關鍵字，整合架構，長期記憶，自然能高效溝通。

What - 理解

以心智圖法四大操作核心為主，詳述於後。

How - 體驗

挑選10個在職場上常常會用到的例子，希望能幫助讀者迅速進入心智圖法的殿堂，感受一下心智圖法的威力。

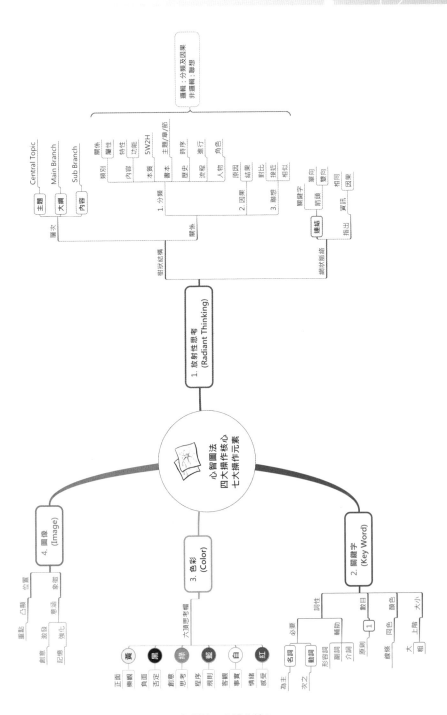

心智圖法四大操作核心

What - 理解　心智圖法四大操作核心

　　心智圖法的四大操作核心概念是：1. 放射性思考（Radiant Thinking）、2. 關鍵字（Key Word）、3. 色彩（Color）、4. 圖像（Image）。

　　其中放射性思考可分為主題、大綱、內容及連結，所以四大操作核心可演變成七大操作元素，依次為：1. 主題（Central Topic）、2. 大綱（Main Branch）、3. 內容（Sub Branch）、4. 連結（Link）、5. 關鍵字（Key Word）、6. 色彩（Color）、7. 圖像（Image）。

一、放射性思考

　　心智圖的整體性是透過「樹狀結構」與「網狀脈絡」所構成。

1. 樹狀結構

　　層次分為主題（Central Topic）、大綱（Main Branch）及內容（Sub Branch）三個操作元素。而其階層的上下關係，大致可區分為下列三類，其中**分類關係及因果關係屬於邏輯關係，一般用於歸納、統合；聯想關係屬於非邏輯關係，用於發想及創意。**

❶ 分類關係

　　最上位階代表最大類的概念，次位階是中類，以此類推，最後一階是具體事物名稱或描述。

　　一般分類關係有——

- **類別**：以事物之間的關係或屬性分類
- **內容**：以事物特性或功能分類
- **本質**：以5W2H分類

- **書本**：以主題／章／節分類
- **歷史**：以發生時序分類
- **流程**：以事物進行分類
- **人物**：以人物角色分類

以下各舉一個簡單架構提供參考。

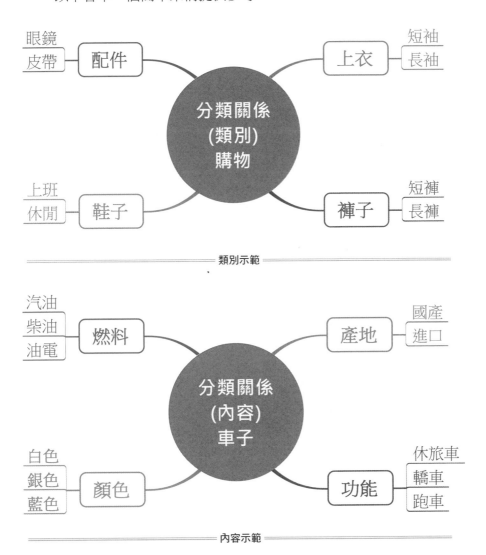

類別示範

內容示範

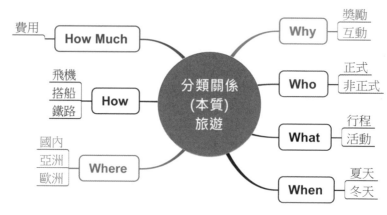

本質示範

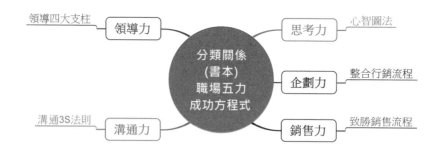

書本示範

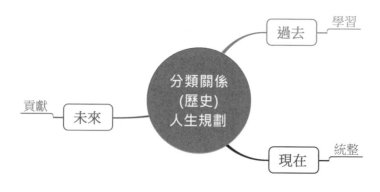

歷史示範

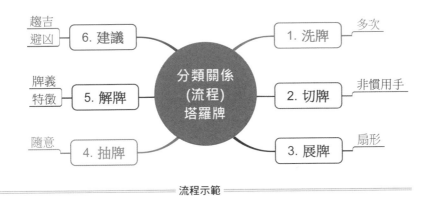

流程示範

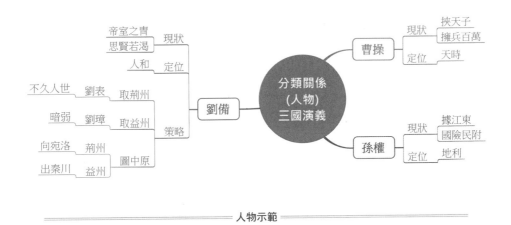

人物示範

❷ 因果關係

以樹狀結構來展現原因與結果的關係。

例如應用在問題分析時，最上位階代表問題本質或表徵，往下各個位階是造成該問題的原因、所衍生廣度與深度的問題或影響；問題解決時，最上位階是造成問題的原因或因素，下一階是各種可能的解決方案，再下一階則是該方案的各種具體作法等。

因果關係的結構中，在原因、結果的層面亦會包含有分類關係的存在。舉例如下：

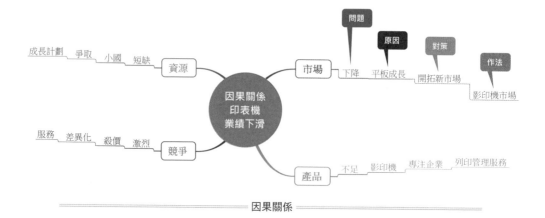

因果關係

❸ 聯想關係

希臘哲學家亞里斯多德將聯想分為對比（想到男人就想到女人、想到白天就想到夜晚）、接近（想到樹木就想到花草、想到高山就想到河流）與相似（想到籃球就想到地球、想到竹筷就想到竹竿）三種。因此，心智圖樹狀結構最上位階代表原始或抽象的主題，往次位階的各個階層是經由上述各種聯想所展開的思維脈絡。

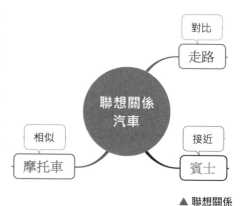

▲ 聯想關係

2. 網狀脈絡

就是所謂的連結。在不同的節點關鍵字之間有關連性的話，以單箭頭或雙箭頭線條指出彼此之間的連結關係，亦可在線條上以文字說明兩者之間的關連性。

連結在職場的心智圖法應用時，扮演著極為重要的角色。因為

一般職場的計劃都會比較複雜，不同樹狀之間所產生的脈絡連結就會相對頻繁。

以下就連結作簡單舉例：

在劉備、曹操及孫權之間畫上一個連結線，代表他們之間的操作關係。

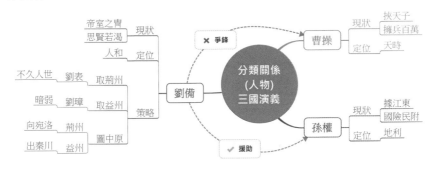

——— 人物示範連結 ———

心智圖法的放射性思考，階層結構包括水平思考與垂直思考，稱之為 Brain Bloom 與 Brain Flow，我們也可稱為廣度思考與深度思考。讀者要常常訓練自己 Brain Bloom 及 Brain Flow 的能力，這樣才能迅速的架構出心智圖法。

❶ Brain Bloom（思緒綻放）

又稱為「水平思考」或「擴散思考」，好比電路原理中的「並聯」，它的功能在於擴充思考的廣度，能增進創造力。次頁的心智圖範例。中央主題是「快樂」，圍繞在四周的六個第一階想法都是由「快樂」所產生的 Brain Bloom 聯想。

❷ Brain Flow（思緒飛揚）

又稱為「垂直思考」或「直線思考」，好比電路原理中的「串聯」，它的功能在於增進思考的深度，能強化問題的分析及推演。圖中

從中央主題的「快樂」會聯想到「金錢」,「金錢」會想到「工作」,「工作」會想到「痛苦」,「痛苦」會想到「成功」,「成功」會想到「名車」,「名車」會想到「保時捷」。這個「快樂－金錢－工作－痛苦－成功－名車－保時捷」就產生出一個 Brain Flow 路徑。

　　心智圖法中的階層結構是由 Brain Bloom 與 Brain Flow 交織而成。我們可以從中央主題或任意一個支幹線條（branch）來進行 Brain Bloom 或 Brain Flow 的聯想。

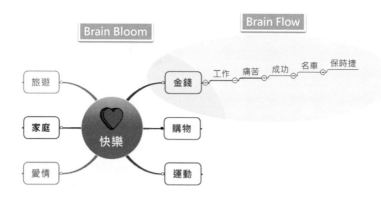

Brain Broom&Flow

二、關鍵字

1. **詞性**：以名詞為主、動詞次之,輔以必要的形容詞、副詞或介詞等。精簡關鍵詞的判斷原則是,刪除它不會影響對內容的理解,也就是可以省略它;反之,刪除它會對內容產生誤解,就是必須保留它。

2. **數目**：每一個線條上的關鍵字,以一個語詞為原則,特別是在創意發想、工作計劃、問題分析等場合,更要遵守這個原則。只有整理文章筆記時,在章節名稱、專有名詞、特定概念等,

才允許二個以上的語詞寫在一個線條上；內容重點整理，還是盡量掌握一個語詞的原則，讓資料的統整更有結構性。

3. **顏色**：手繪時，與線條同顏色；以電腦軟體繪製時，為避免螢幕上不容易閱讀彩色字，也可使用黑色。

4. **大小**：越上位階的字型越大並加粗，在視覺上凸顯上位階的議題、概念或類別。

三、色彩

1. 盡可能使用彩色文字、線條、圖像或符號，活絡主幹（Main Branch）及支幹（Sub-Branch）上的概念。

2. 要用三種以上顏色繪製彩色圖像。

3. 線條與關鍵字色彩可依個人感受選擇，但由於人類對顏色仍有某些共象，知道顏色的基本規則，有助於對色彩的感受掌握。而關於顏色的基本規則，我們會參考六頂思考帽：

黃色／正面樂觀；黑色／負面否定；綠色／創意思考
藍色／程序規則；白色／客觀事實；紅色／情緒感受

會議時，亦可應用六頂思考帽來協助。譬如在大家鬧得不可開交時，主席若規定大家同時戴上那一頂帽子，就不會有人用不同的帽子在溝通，可以有效降低衝突及提升開會效能。

四、圖像

1. **位置**：在特別重要或關鍵概念的地方加上圖像，可以凸顯重點所在，而不是隨便到處亂加插圖，失去焦點。

2. **象徵**：在重要處加上的圖像，必須能代表或聯想到重點內容的意涵，不僅有助於激發創意，更能強化對內容的記憶效果。

心智圖法使用規則

■ 紙張 ■

顏色：以純白為主。不同顏色的色紙，會給人不同的感受，帶來不適當的暗示；有線條的紙張，會讓人不自覺的以條列方式做筆記。

大小：以A4或A3為首選，方便書寫及收納。

方向：以橫放為原則。紙張橫放可以多容納幾階資訊，減少線條碰到紙張邊緣需要轉彎的機會；最重要原因是人的眼睛是橫的。

■ 字體 ■

使用不同大小的字體、線條與圖像來凸顯重點資訊，文字要端正不要潦草。

■ 線條 ■

樣式：線條的樣式要模仿大自然的結構，以有弧度的曲線來繪製，讓心智圖看起來美美的。

顏色：線條的顏色除了能區分不同主題、類別之外，最主要是要用色彩表達自己的感受，用來激發對主題的創意或對內容的記憶。

連接：為了方便閱讀，線條必須彼此連接在一起，以提升心智圖的整體感。

粗細：與中央主題連接的主幹線條，要採用由粗而細、有弧度的錐形樣式，下一階之後的線條，則以細一點的錐形樣式或直接以細線來呈現。

■ 強化 ■

框線：在不違反心智圖規則的前提下，發展出個人的風格。心智圖內容完成之後，可以在某一主幹與其所有之後的支幹沿著周圍畫上外框，這些獨一無二的區塊形狀可以加深印象，幫助記憶。

風格：在不違反心智圖規則的前提下，發展出個人的風格。

排序：使用數字編排順序，便於整理及記憶。

心智圖法之職場十大應用

下面這張圖是我在職場上常用到的心智圖法應用。

以五力來分類——

- 思考力：❶即興發言、❷記者訪談、❸讀書摘要。
- 企劃力：❹成長計劃、❺促銷活動、❻創意Slogan。
- 銷售力：❼致勝銷售。
- 溝通力：❽簡報溝通。
- 領導力：❾會議引導、❿夢想板。

職場10大應用

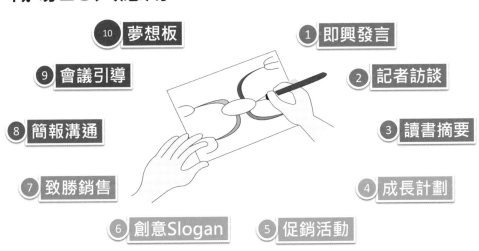

心智圖法職場10大應用

{狀　況}

某一個新產品發表會上，產品經理忽然拿了篇新聞稿給我，說3分鐘後有電視台要來採訪，而受訪時需要直接面對鏡頭，不能看稿子，怎麼辦？

● 新聞稿主要內容如下：

A牌雷射黑迷你系列再創5項No.1，樹立業界新標竿：

No.1台灣最小的無線雷射印表機，桌上型設計迷你不佔空間

No.1台灣第1台內建802.11b/g無線雷射印表機，無線網路列印隨處可印

No.1台灣最小的自動雙面雷射印表機，節省25%紙張使用

No.1業界首創Auto-On/Auto-Off電源自動開關技術，大幅節省3倍電力

No.1同等規格最便宜價格4,990，憑學生證再退1,000

{解　法}

一、製作心智圖

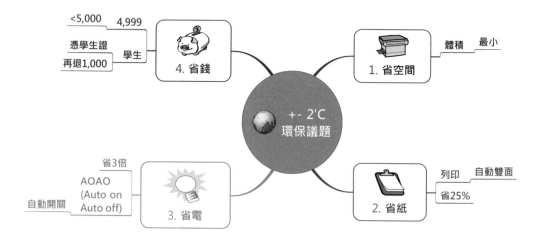

1. **關鍵字**：選取條列文章之關鍵字。

   A牌雷射黑迷你系列再創5項No.1，樹立業界新標竿：

   No.1台灣最小的無線雷射印表機，桌上型設計迷你不佔空間

   No.1台灣第1台內建802.11b/g無線雷射印表機，無線網路列印隨處可印

   No.1台灣最小的自動雙面雷射印表機，節省25%紙張使用

   No.1業界首創Auto-On/Auto-Off電源自動開關技術，大幅節省3倍電力

   No.1同等規格最便宜價格4,990，憑學生證再退1,000

2. **主題**：此篇新聞稿關鍵字多跟節省有關，可巧妙連結時下最夯的+-2℃環保議題。

3. **大綱／內容／圖像**：以上關鍵字，先放棄跟環保沒有正相關的無線功能，然後口語化其它四大特點。

   ❶ **省空間**：最小體積，以小印表機圖像傳達省空間的意念。

   ❷ **省紙**：自動雙面列印，節省25%紙張，放一個紙張筆記夾傳達省紙的意念。

   ❸ **省電**：省3倍電力，AOAO，以燈泡圖像傳達省電的意念。

   ❹ **省錢**：只要4,990（低於5,000），憑學生證再退1,000，用撲滿傳達省錢的意念。

二、面對鏡頭受訪

　　腦中必須牢記這張心智圖，由內而外、順時鐘、侃侃而談的說出以下這段話：「這次發表的新產品，主要是響應+-2℃環保主張，所發表的新產品具備四大特色，分別是省空間、省紙、省電、省錢，全面愛護地球及為消費者省荷包。」

　　其實之所以會產生說服力，除了心智圖具備強大的溝通能力之外，它本身也蘊含了邏輯架構。第一層中央的環保議題就是一種主張，第二圈的大綱是論述，最外圍內容則是證據，而主張→論述→

證據也就是說服邏輯的基本元素。

————————————{ 效　益 }————————————

　　會場所有記者都同時抓到這好記的關鍵字：省空間、省紙、省電、省錢，隔日所有媒體披露都是這9個關鍵字，簡單好記，市場溝通效果非常良好。

————————————{ 建　議 }————————————

　　要學習如何設定很有吸引力的主張，才能具備更強的說服力。以這個例子來說，如果沒有中央主題的環保主張來支撐，四大精省的論述對客戶而言並不具備吸引力。

{ 狀　況 }

　　某一次,同時有五位記者來採訪我如何拿下彩色雷射印表機市佔率第一,一般像這樣的採訪都要花2個小時以上才能問到比較完整,而我只有1個小時,面對五位記者排隊要問,怎麼辦?

{ 解　法 }

一、製作心智圖

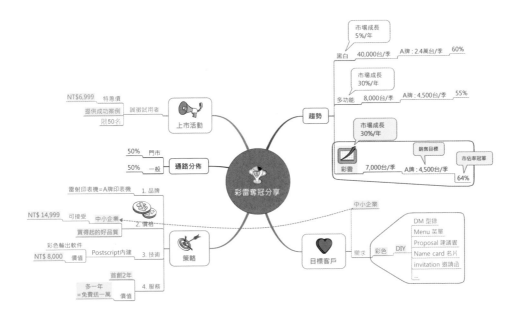

1. 主題: 放上受訪主題——彩雷奪冠分享。

2. 大綱: 平常已習慣記者採訪,熟悉記者會問哪些問題,就先寫下記者常問的問題關鍵字做為大綱。

　❶ 趨勢、 ❷ 目標客戶、 ❸ 策略、 ❹ 通路分佈、 ❺ 上市活動

3. **內容**：就由大綱往下順勢開展。

4. **連結**：在目標客戶及價格策略這邊作一個脈絡連結，因為都是講中小企業。

5. **色彩**：除了每一條架構有自己的顏色區分之外，再把一些關鍵字中的關鍵字用黃底強調，可以更加深重點記憶。

二、開始對記者分享

1. 跟記者說，這就是你們平常問的問題，我已經幫各位列出來了，請問是不是這些問題？

   ❶ 趨勢、❷ 目標客戶、❸ 策略、❹ 通路分佈、❺ 上市活動，大部分的記者應該都會說是。

2. 一面解釋，一面告訴記者心智圖法的妙用，也請他們不用作記錄，因為這張心智圖就已經是記錄，回去只要照這樣子寫稿就對了。而幫大家作筆記的代價，就是明天要在媒體版面上協助露出。

────────────{ 效　益 }────────────

☑ **省時**：整個過程加上跟記者解釋教學，不用花到1小時。

☑ **有效**：所有版面露出都一樣，全是配合我整理過的訊息。

☑ **關係**：跟記者建立有效能的關係，有利於長期配合。

────────────{ 建　議 }────────────

可把一些經常重複的事件，寫成心智圖流程模組，以做為日後的標準SOP。

{ 狀　況 }

　　我很喜歡研讀《三國演義》，尤其是劉備與諸葛亮的〈隆中對〉，更是百看不厭，但要如何為這篇摘錄文章迅速做重點摘要呢？

{ 解　法 }

一、製作心智圖

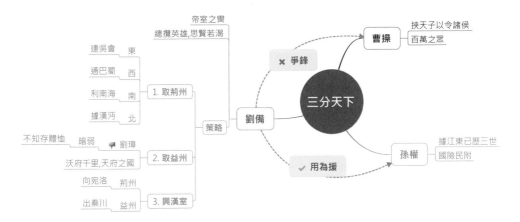

1. 關鍵字：由摘錄原文中抓出關鍵字。

　　……自董卓已來，豪傑並起，跨州連郡者不可勝數。曹操比於袁紹，則名微而眾寡。然操遂能克紹，以弱為強者，非惟天時，抑亦人謀也。今操已擁百萬之眾，挾天子而令諸侯，此誠不可與爭鋒。孫權據有江東，已歷三世，國險而民附，賢能為之用，此可以為援而不可圖也。荊州北據漢沔，利盡南海，東連吳會，西通巴蜀，此用武之國，而其主不能守，此殆天所以資將軍，將軍豈有意乎？益州險塞，沃野千里，天府之土，高祖因之以成帝業。劉璋暗弱，張魯在北，民殷國富而不知存恤，智能之士思得明君。將軍既帝室之冑，信義著於四海，總攬英雄，思賢如渴，若跨有荊、益，保其岩阻，西和諸戎，南撫夷越，外結好孫權，

內修政理；天下有變，則命一上將將荊州之軍以向宛洛，將軍身率益州之眾出秦川，百姓孰敢不簞食壺漿，以迎將軍者乎？誠如是，則霸業可成，漢室可興矣。……

2. **主題：**三分天下。因三分天下是一種主張，比放隆中對更恰當。

3. **大綱：**由於這是一段三國歷史，直接拿曹操、孫權、劉備當成 Main Branch 最為直接。

4. **內容：**文章中的關鍵字，可分佈於每個人物的下面。

5. **連結：**此文是以劉備為主角，故必須點出他對曹操及孫權的外交策略。

──────{ 效 益 }──────

這段文章大概有350字，抓出的關鍵字約90字（25%），整個是由樹狀邏輯結構展開，所以大腦的負載勝任有餘，日後要回憶或是講述這段歷史，只要想起這張心智圖，就像將一道程式塞回大腦，馬上可以上場開講。

──────{ 建 議 }──────

要很熟練關鍵字技巧，才能讓整個心智圖來幫助你，而不是你在幫心智圖。

應用 ④　成長計劃

─{ 狀　況 }─

　　有一次去輔導一家公司,在跟他們開會時,一下有人說問題,一下有人說競爭,忽然間又有人提到願景,大家的對話層次很不一致,更不用談成長計劃了。此題怎解?

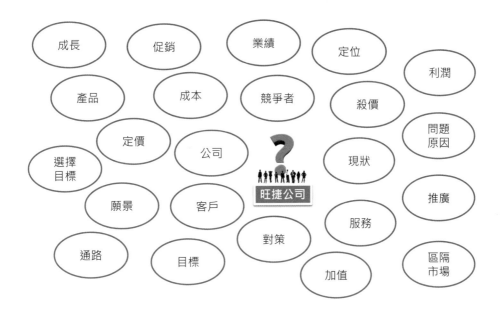

─{ 解　法 }─

一、設定主題

　　先做主題設定。主題需要是一種主張,一種使命,就算是市場一片慘淡,試問有人會寫「衰退計劃」嗎?有道是伸手摘星,也不致滿手泥巴,這就是為何要常說好話,給予正面訊息的道理。

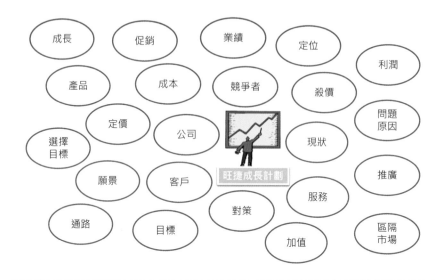

二、辨別大綱

　　這一堆訊息，一定存在著某種層次關係，製作心智圖很重要的能力，就是要能迅速用你的火眼金睛看出哪些是大綱（Main Branch），才有辦法做進一步的討論。

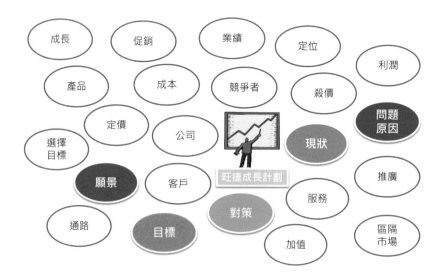

三、歸類內容

展開內容的基本動作，要先作內容初步歸類（以顏色區別），並以數字次序放入大綱，如下圖：

接著將歸類作一個移動聚攏，方便進行區塊整合。有些內容可以再往下歸類，例如對策之下可繼續開展出3C、4P、STP，而競爭者在兩處需要被參照，就出現兩次，如下圖：

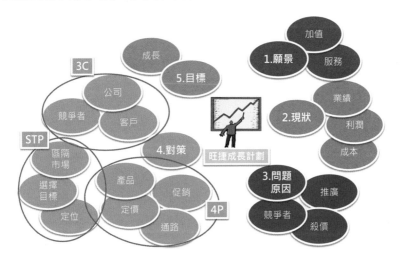

四、製作心智圖

其實成長計劃的討論，本身是具備流程時序的，流程如下：1.願景、2.現狀、3.問題／原因、4.對策、5.目標。也就是說，我們可以直接把這個模組運用進來帶動，根本就不用讓討論發散，這樣做最省時。

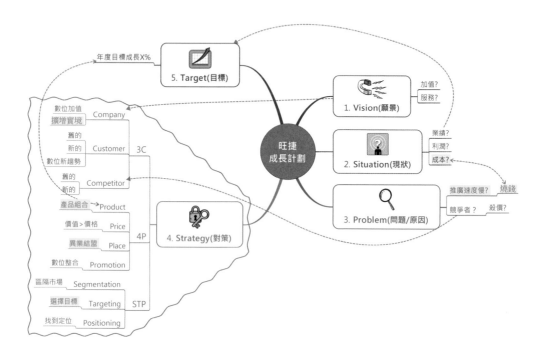

以上，已完成主題設定、大綱及內容歸類，所以這裡要特別提及連結部分。因為複雜的商業邏輯，很容易產生彼此脈絡相關，這時就要啟動連結。

從上面這張心智圖來看，目前業績跟要達成的目標有關（也就是說Gap有多大），而成本現狀又跟燒錢有關，願景為公司對策主要依據，競爭者又是訂定策略的重要參考，而產品的多寡與組合也

關係到設定達成的目標，之前我曾經幫一家航空公司分享，上層一直要求業績要成長，但卻又發現航線一直被砍，這樣的議題就能迅速被發現。

{ 效　益 }

心智圖已經幫大家把要討論的議題事先定好了，大家可以把百分百的腦力放在解決問題，而不是陷在一片混亂的討論議題中。我觀察多年，所有會議幾乎有80%是無效的，而無效的原因，最主要是無法統一大家討論的方向與議題，這是做為一個會議主席要特別留意的地方。

{ 建　議 }

只要是經營事業，就一定會遇到問題，重點是如何找到解決問題的脈絡，而心智圖法就是一個非常實用的東西，以上這個模組可用來解決公司業績不如預期的問題。

═══════════════{ 狀　況 }═══════════════

　　產品促銷活動是市場競爭時非做不可的動作。有一次公司的筆電及印表機生意告急，適逢新鮮人入學期間，公司建議推出一檔大一新鮮人的促銷活動。當你練就心智圖法神功，會覺得原本看似複雜的事情，居然變成那麼簡單！

═══════════════{ 解　法 }═══════════════

一、製作心智圖

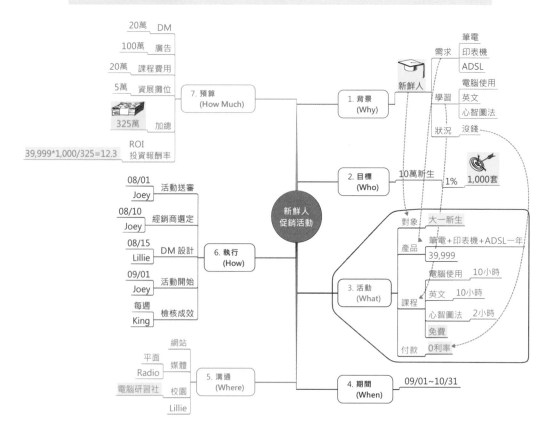

1. **主題：** 放上最直接的中央主題──新鮮人促銷活動。
2. **大綱：** 跟記者採訪及成長計劃一樣，促銷活動有些既有框架可依循，依照我們的專業直接下標：背景、目標、活動、期間、溝通、執行、預算，做為本次大綱，也就是事物本質 5W2H。
3. **內容：** 這跟讀書摘要不同，讀書摘要是 Note Taking（把東西塞進腦子裡），做計劃則是 Note Making（把東西從腦子取出），所以平常就得練就一身 Brain Bloom 跟 Brain Flow 的能力，否則就算是綱舉，有時還不一定目張。
4. **連結：** 原先的背景就是活動緣由，所以這邊會有直接的連結。
5. **色彩／圖像：** 除了每一條架構有自己的顏色區分之外，再把一些關鍵字中的關鍵字，用黃底強調一下，更可加深重點記憶，並在重要地方加上一些圖像。

二、開始內部／外部溝通

辦完促銷活動後，會有一連串的內部溝通，還有外部的公關公司及合作夥伴要傳達，想像一下那個場景，人手一張心智圖，是一個多麼有效能的場景……一張心智圖，盡在不言中。

──────────{ 效　益 }──────────

☑ **省時：** 整個促銷計劃過程不到 1 小時，以前大概要花上半天才行，而且還遺東漏西。

☑ **效能：** 一張心智圖，代表千言萬語，溝通效能百分百。

──────────{ 建　議 }──────────

促銷活動，從計劃、討論、審核、批准，到溝通、執行、檢

視、追蹤，是一個很長的過程。如果不採用具有共識的關鍵字，恐怕會如同比手劃腳的遊戲，從第一個人傳到最後一個人，已經是面目全非。此時，心智圖法技能就是一個很重要的職場核心競爭力。

應用 ❻	創意Slogan

{ 狀　況 }

新產品上市發表會的準備會議中，主題？創意Slogan？請誰來代言？場地要在哪？一連串問題丟出，大家意見此起彼落，時間已迫在眉睫，且看心智圖法如何漂亮出擊！

{ 解　法 }

一、製作心智圖

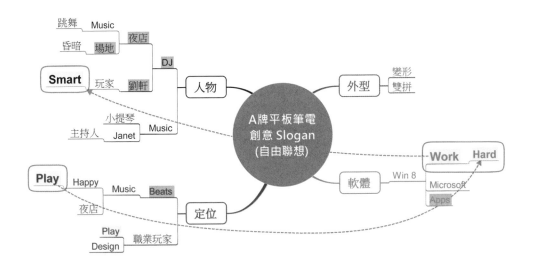

1. **主題**：跟之前一樣，把重要議題或主張當成中央主題，在此處直接寫上「A牌平板筆電創意Slogan」即可。

2. **大綱／內容**：有別於商業邏輯，此處所採用的，不論是Brain Bloom或Brain Flow，要的是創意，除了邏輯聯想（分類、因果）之外，可大量使用自由聯想（對比、接近、相似）。一處

山窮水盡時，可再開發另一條路徑，重點只有一個，那就是要大量產生關鍵字，提供萃取組合成創意Slogan，以及活動內容的發想元素。

3. **連結：**創意Slogan的連結，最主要是要組合關鍵字，產生「不尋常」的敘述，所以才叫創意。創意要的是以前沒有的東西，所以就是要怪、要妙；如前頁那張心智圖，先把可能用到的關鍵字標成黃色，再來試試創意組合，結果答案馬上就出現了——Work Smart，Play Hard，聰明工作，極羨享樂。由於此產品系列也叫極羨系列，所以用極羨取代極限，有雙關語之妙，Work Smart也比呆呆的Work Hard好多了，而這個Hard卻又巧妙的給了Play，玩個徹底，真是妙用無窮。當年想出這個Slogan的屬下，跟我一樣是心智圖愛用者，如今也勝任愉快的當上外商副總經理，如此的經驗傳承、幫助同好者成功，豈非人生一大美事。

───────────{ 效　益 }───────────

運用心智圖法做創意溝通，速度很快。也因為它高度運用Brain Bloom 跟Brain Flow功能，再加上連結，很輕易就可產能一群有機的Creative Ideas。

───────────{ 建　議 }───────────

平常多練習Brain Bloom及Brain Flow，就能在需要大量訊息萃取Creative ideas時，發生作用。

應用 **❼** 　　　　　　**致勝銷售**

─────────{ 狀　況 }─────────

「老闆，別牌印表機報價800萬，我們目前報價是1,300萬，請問要不要拼？」銷售是一家公司底氣所在，但類似蠢事卻天天發生，很多業務除了會說價格之外，大腦似乎一片空白。

─────────{ 解　法 }─────────

在公開解法前先來看一種更好的說法：「老闆，客戶年底要建立銀行徵授信系統，印表機也要汰舊換新，總共需要A3黑白500台，預算約1,000萬，它牌用低價策略報價800萬，我打算說服客戶植入網管系統，降低總持有成本，目前我已經掌握專案負責人陳科長，只要給我一個專屬工程師及測試機，我預計年底可以1,000萬贏下這案子，並完成交機驗收！」其實在大腦裡面就是以下這張心智圖。

一、製作心智圖

1. 主題：直接放入「XX銀行M.A.N.T.C.S.」。

2. 大綱：以銷售六大訊息為大綱。

   M（Money）：預算。

   A（Authorized Key Man）：關鍵人，即專案負責人。

   N（Needs）：需求。

   T（Timing）：時程。

   C（Competition）：競爭。

   S（Strategy）：策略。

3. 內容：其實就是M.A.N.T.C.S.的答案，有了這個大綱引導，自然大腦就會無時無刻去追蹤內容，直到填滿為止。

━━━━━━━━━━━━━━{ 效　益 }━━━━━━━━━━━━━━

　　如上，心智圖已經幫銷售人員把需要知道的主要大綱都先定好了，大家可以把百分百的腦力放在追蹤內容，而不是傻乎乎的去找老闆討論。請問，如果只有一個訊息，叫作對手降價，我們要不要跟進，那不是很瞎嗎？

━━━━━━━━━━━━━━{ 建　議 }━━━━━━━━━━━━━━

　　一樣是銷售人員，還是有分等級。銷售人員的第一課，便是學會掌握訊息，而最佳方法便是使用心智圖法。

應用 ⑧ 簡報溝通

───{ 狀 況 }───

最近應邀去一位扶輪社朋友的公司Amadeus演講，由於自己的行程忙碌緊湊，一時還真怕寫不出東西來，後來不自覺的拿起一張白紙，隨著意識流飄了一下，大概只花了5分鐘，我就看到自己在講台上侃侃而談的畫面了。

───{ 解 法 }───

一、製作心智圖

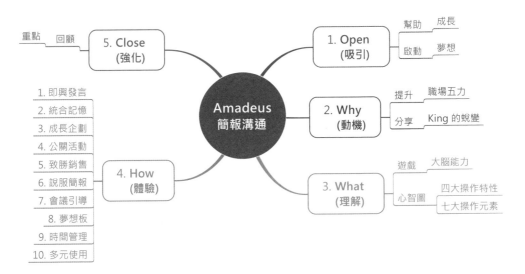

1. **主題：**放朋友公司名字Amadeus加上簡報溝通即可。

2. **大綱：**直接用Open/Why/What/How/Close的模組做為大綱。

3. **內容：**有了大綱，內容就能順勢展開。此處所列下的，就是當天要傳達給聽眾的主要簡報內容。

二、開始跟Amadeus分享

當天跟Amadeus分享時，我先以輕鬆的方式點出大家每天會遇到的苦惱，獲得共鳴（吸引）後，再說明為什麼職場五力能改變現有的困境（動機）。

而光說方法無法說服聽眾，所以我分享了自己的蛻變過程做為佐證，引發共鳴，再運用遊戲的方式練習，讓聽眾感受心智圖法的威力（理解）。

接下來介紹職場上十種應用，讓聽眾了解不同情境都能運用心智圖法來改善工作與生活（體驗）。透過像這樣的簡報方式，讓Amadeus所有參與同仁都能強烈感受到我所要傳達的理念，使得整場演講大家參與投入的程度非常高。最後，我用心智圖把分享重點再Run一遍，幫助大家記憶（強化）。

─────────────{ 效　益 }─────────────

運用心智圖法做簡報流程規劃，是一個很好的思考框架。在還沒學心智圖法之前，做簡報總是想到哪做到哪，毫無章法可言，而自從學了心智圖法，我把做簡報當成是在寫一個故事，十分享受。

─────────────{ 建　議 }─────────────

說故事（Telling Story）是職場上一個很重要的核心競爭力，因為從一個人的口條，可以迅速判讀出他的思緒及邏輯是否清楚。

應用 ⑨　會議引導

─────{ 狀　況 }─────

　　某一次，使用傳統 Brain Storming 討論公司出國旅遊，但因缺乏心智圖法的分類、連結與引導，會議中你一句我一句，亂成一團……

─────{ 解　法 }─────

　　由於我學過心智圖法，就自告奮勇表示，接下來會議由我來協助，只要大家把意見丟上來，我會負責做記錄。表面上，我是在「服務」大家，但其實是想「領導」大家，迅速作出有效的結論。

一、製作心智圖

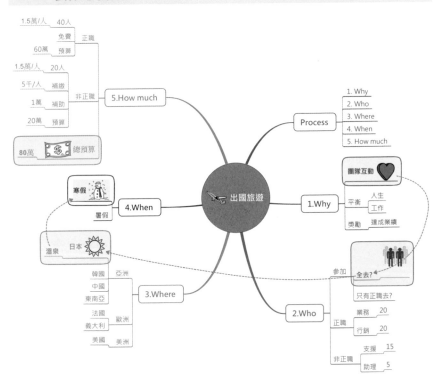

1. **主題：**放上最直接的中央主題——出國旅遊。

2. **大綱：**有關人、事、時、地、物及預算的討論，乾脆直接使用 Why/Who/Where/When/How much 來運轉是最恰當不過了。先從 Why 開始，大家把各種想到的可能都丟上來，不要去批評別人的答案，也可以同時丟出 Who、Where、When 的可能性，唯獨先不動 How Much 預算部分，必須等前面項目的討論結果出來再處理。

3. **內容：**也就是大家一直丟上來的東西，我只作歸類，先不作判斷，途中若有人開始批評別人，就得馬上勸阻。這個部分跟 Brain Storming 一樣，唯一不同的是一面收訊息，一面用心智圖歸類，比較不會過度發散。

二、開始引導會議

1. **連結：**整個過程中最精華部分。依照整個流程，我們必須先決定 Why，如果有高階主管指令就優先採用，沒有就大家舉手表決。在這個 Case，大家的多數意見是 Team Building。而既然是 Team Building，往下一個 Who，當然就是要全部員工都能一起去，人家合約員工也是人啊……之後就進到 Where。一談到 Team Building，去日本一起裎裎相見洗溫泉自是首選，而泡湯自然得連結 When（寒假），之後再進入 How Much 作最後的預算總結。

2. **色彩／圖像：**在被選到的地方放上黃色網底及相關圖像，就是今天大家會議討論的結果。

───────────────{ **效　益** }───────────────

Mind-Map Storming 效果遠勝過傳統 Brain Storming，因為在記

錄過程中，已不知不覺在作有效的會議引導了。

────────{建　議}────────

　　有些不被採納的意見，還是暫時保留在上面，一方面對提供意見的人表示尊重，一方面若要重新討論時會用到。

═══════════{ 狀　況 }═══════════

　　年輕時總覺得有好多夢想要達成，但想歸想，做歸做，日子一天天過去，到頭來還是一事無成……一夜醒來，拿起一張白紙寫下夢想板，放在書桌前天天看它，竟不知不覺美夢成真。

═══════════{ 解　法 }═══════════

一、以心智圖製作夢想板

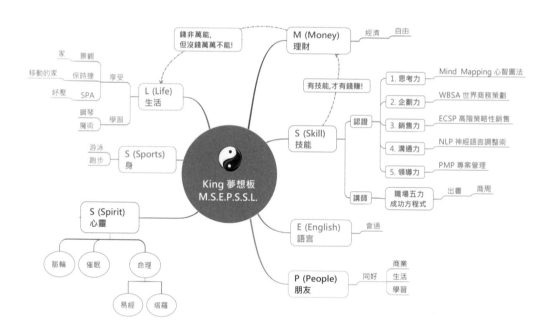

1. 主題： 放上我最愛的太極圖及中央主題──King 夢想板。

2. 大綱： M.S.E.P.S.S.L. 就是我的夢想焦點。

　　　M（Money）：沒錢真的很難混。

S（Skill）：沒有 Skill，恐怕錢怎麼盼都盼不來。

E（English）：後悔沒出國念書，但至少英文要能通。

P（People）：真心的同好知己，是你一生的財富。

S（Spirit）：心靈這東西，前世今生，累世修行，持續精進。

S（Sports）：沒有能量，就不用談和諧，健康的身體才是最後堡壘。

L（Life）：賺來的錢，就是要花在生活上面。

3. **內容**：說起這個夢想板的內容，大概是我作過的心智圖，長得最快又茂盛的地方，完全不用打草稿，早就已經在我心中不停的翻滾。

4. **連結**：將 Skill 跟 Money 作個連結，告訴自己，沒有技能就沒有錢，錢不是用想的就有；在 Money 及 Life 處，也再作一個連結，提醒自己，辛苦賺錢就是要來享受花錢的。

5. **色彩／圖像**：讓色彩繽紛，夢想板才有活力，圖像只要完全聚焦在中央主題太極即可。

二、開始執行

把夢想都寫下來，貼在自己天天看得到的地方，說也奇怪，不去完成它就覺得渾身不對勁。當然，夢想要達成還需要有很強的執行力才行，但築夢的願有多強，執行力就有多強。

========{ 效　益 }========

夢想 Imagination →視覺 Visualization →成真 Realization

心智圖法有很強大的心像視覺功能，會讓人在潛意識中去實現

自己的夢想。上述夢想板，我後來竟不知不覺的一一實現，這種圓夢的能力是每個人與生俱來。

─────────────────{ 建　議 }─────────────────

　　看到這段，請拿起一張白紙，把你的夢想寫下來，多年之後，必能實現！

Chapter. 2

企劃力

整合行銷流程

| IMP |

企劃力是職場進階核心競爭力之一，學會 IMP 整合行銷流程，可以有效提升企劃能力，掌握「不可被取代」的競爭優勢和升官之鑰！

企劃力是職場進階核心競爭力之一，學會 IMP 整合行銷流程，可以有效提升企劃能力，掌握「不可被取代」的競爭優勢和升官之鑰！

從整個 IMP 架構來看，它涵蓋了一家公司的初始願景，了解客戶、對手及自己公司的現況，由制訂方針到設定目標、分析障礙、產生策略、展開執行……也就是說，擁有完整的企劃能力，等同你可以獨立經營一家公司。

商場如戰場，以戰場上角色比喻，銷售就等於是武將，只要達成分派任務即可；企劃是軍師，負責總體策略的計劃與指揮。在三國人物中，我最熱愛的首推諸葛亮，即使面對百萬大軍衝陣廝殺，仍能羽扇綸巾，指揮若定。因著對這種神態的嚮往，讓我在擔任企劃期間，總能樂在其中的享受工作。

諸葛亮於赤壁之戰中，有一段「智算華容道」的橋段，開啟了我對策略的嚮往。那段故事描述，諸葛亮算準曹操兵敗後，必然潰走華容道，於是派關羽前去把守，料想面對曹操哭求，關羽會念及昔日舊情，而放曹操一馬。如此的盤算，顧及曹操一死，北方必亂；也讓關羽把人情還完，避免日後再誤事；同時鎮壓關羽的傲氣，藉此壓下張飛與諸將，樹立軍師的威嚴。

這種一石三鳥的巧妙安排，除了要對敵我主將有充分了解之外，還要對過去及未來做出精準的推測，並具有冒險犯難的自信與勇氣。而這一切能力，都來自於諸葛亮在出山當軍師之前的苦讀自勵，不然如此智慧從何而來。

剛投入企劃工作時，有很多定義困擾著我，譬如企劃、行銷、促銷、活動……還有很多很熟悉卻又不熟悉的工具，像是 PEST、五力分析、BCG、SWOT、ANSOFF、3C、4P、STP、PLC 產品生命

週期……等等，這種好像會又好像不會的感覺，很是令人難受，當然也就很難把能力發揮到極致。

後來我用心智圖法按照步驟展開相關歸類，再加上去研修了高階 WBSA（世界商務策劃）的課程，終於打開了智慧之門，讓自己的單點策略思維，提升為整合性策略思維，而這對於我日後的創新思考及企劃案設計有很大的幫助。

因此，我將這個企劃模組稱為**整合行銷流程（IMP：Integrated Marketing Process）**，提供給未來想投入企劃行銷領域的新手讀者，或正陷於某某專案找不到突破點的企劃人。相信它，走一遍 IMP，你會感到相當受用。

參考資料來源：《商業企劃方法論 Business Planning Methodology》創新企劃顧問有限公司／編著（創新企劃顧問有限公司）

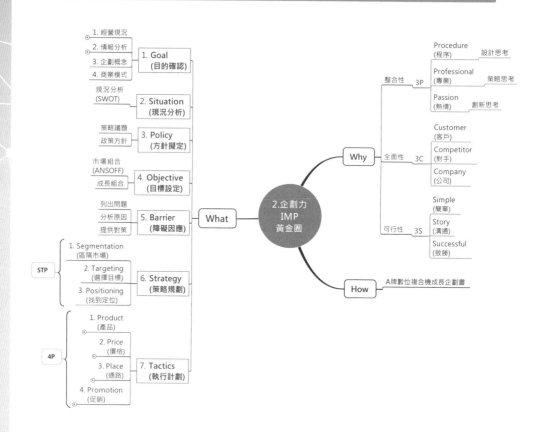

Why（動機）

使用 IMP 整合行銷流程會帶來以下三大特性及優點。

1. 整合性（3P）

企劃行銷的面向，不僅複雜多元，彼此之間連動緊密，還可能並行處理或有時序先後考量，很多資深企劃專員尚且不知其中的奧妙，更何況是沒受過訓練的新手。所以我在外商擔任企劃行銷期間，一直致力要把所有企劃行銷概念及工具，譬如 PEST、五力分析、BCG、SWOT、ANSOFF、3C、4P、STP、PLC 產品生命週期、

市場溝通組合……等等，作一個時序性整合，以利自己思考及協助同事迅速進入狀況。

而在進行整合編排時，我特別注意3P特性：

Procedure（程序）：程序SOP是設計思考的最佳利器，也能啟動靈感→創意→計劃→執行。

Professional（專業）：企劃行銷主體是以行銷策略學派應用為主，它蘊含了傳統商業理論的科學邏輯，以垂直思考整合，必須具備深度的專業素養。

Passion（熱情）：有了程序及專業，很容易失去水平思考的創意，所以必須時時保持熱情，洞察那反傳統的靈光乍現。熱情，也是一個企劃匠跟企劃大師最大的差別，在科學邏輯非常發達的今天，當大家都專注於教條規則時，熱情的洞察能力便是決戰關鍵。

2. 全面性（3C）

IMP流程是從分析客戶（**Customer**）、比較對手（**Competitor**）、了解公司（**Company**）三大面向，作出全面性考量的企劃。

設定一個公司的目的及願景，得先從客戶、對手及自己公司的三角關係開始了解。不懂客戶的需求，就無法作出可以滿足客戶的商品；不懂對手的強弱，就無法選對市場，作出最有利的投資；不懂自己的優勢及資源，就無法作出一個最有效的商業模式。

3. 可行性（3S）

IMP也具備相當的可行性，包含：簡單流程（**Simple**）、有效溝通（**Story**）、致勝策略（**Successful**）。

由於我身兼心智圖法講師，我的信仰就是「簡單」，認為凡事只要複雜，不管是在思考上、表達上、執行上都是一種障礙，所以IMP以簡單流程模組出發，不僅能迅速整合行銷的基本元素，在對

內、外溝通時，以故事陳述也較為有效；而在實際執行時，也因為簡單固定，大家說一樣的語言，內外觀點容易一致，結果自然容易致勝成功，總體的可行性也就大大提高。

當我把IMP應用在日常工作時，有一次國外大老闆緊急來台檢視我們的生意狀況。外商有句名言，當生意作不好時，報告再作不好，就要捲鋪蓋走路了，所幸我運用IMP的思考技巧，把整個台灣生意情形走了一遍，到最後不僅獲得諒解，更得到一筆豐富的資源，以挽救岌岌可危的頹勢。

What（理解）

IMP整合行銷流程的架構，大體來說涵蓋七大流程：1.目的確認、2.現況分析、3.方針擬定、4.目標設定、5.障礙因應、6.策略規劃、7.執行計劃，將於後面章節詳述。

How（體驗）

A牌數位複合機成長企劃書。

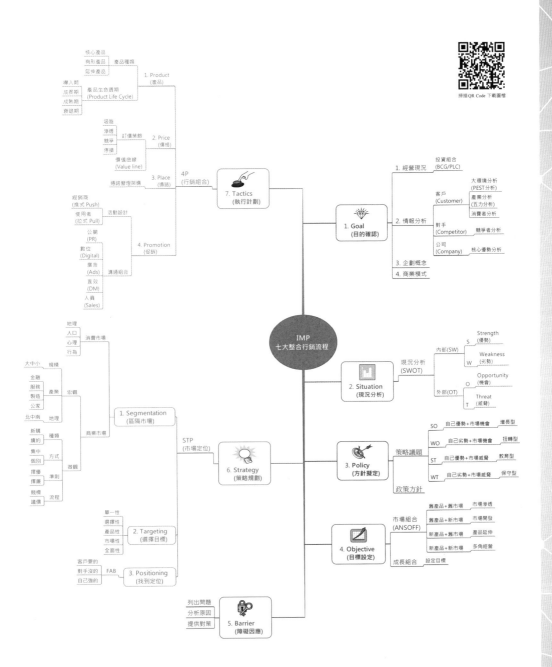

整合行銷流程

目的確認（Goal）

　　設定目的主要意涵是，提出策略意圖與聚焦思考的方向，做為企劃策略思考的起點。另一方面，根據策略意圖與目的，蒐集相關資料，然後進行相關的情報分析，產生洞察及靈感，進而發展出策略構想與核心概念、商業模式。

一、經營現況

　　經營現況就是對目前經營情形的基本描述，例如市場趨勢、業績狀況或一些跟經營相關的事物；在此也要看兩個圖，一個是投資組合BCG矩陣，另一個是PLC（Product Life Cycle）產品生命週期。PLC在行銷組合章節會有詳細描述，在此處只提出它跟BCG的可能對應關係。

1. 投資組合-BCG

　　BCG矩陣（BCG Matrix）是布魯士・韓德森於1970年為波士頓諮詢公司（BCG）設計的一個圖表，目的是協助企業分析其業務和產品系列的表現，從而協助企業更妥善地分配投資，以及做為品牌建立和營銷、產品管理、戰略管理與公司整體業務的分析工具。

　　這裡需要特別注意的是，一個公司務必要有一定的明星及金牛商品，一個是未來趨勢，一個是資金來源，經營的概念就是好好收割金牛，全力投資明星，扶持問號進入明星，或及早放棄這個無法挽救的問號商品，引進另一個有機會進入明星的問號，而笨狗商品就是安全下莊了。

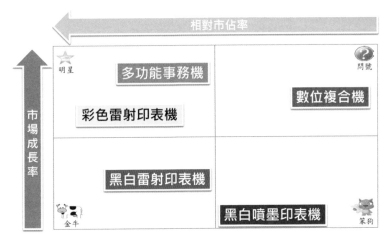

—— BCG 矩陣 ——

BCG矩陣是配合產品生命週期階段，以未來的市場成長率（Market Growth）做為矩陣的縱軸，目前公司商品相對市場佔有率做為橫軸，共可分為以下四個象限：

❶ 問號商品（Question Marks）

市場成長率高＋相對市佔率低＝問號

該商品可能正處於導入期階段或不具有相對競爭力，但現在雖然相對市場佔有率低，未來也有可能成為明星商品。如果是屬於新產品導入期，公司必須投入資源，進行新商品上市的溝通活動，以提高市場知名度，尤其是加強對創新使用者的溝通，這個時期的風險性高，公司必須找出有效對策，協助該商品盡速發展成明星商品，進入成長期，否則就該慎重考慮放棄商品，退出市場，以降低損失。

❷ 明星商品（Stars）

市場成長率高＋相對市佔率高＝明星

該商品可能正處於成長期階段，未來市場成長率高，目前相對市場佔有率也高，通常這類具有競爭力的商品，未來有機會替公司

創造高營收與高獲利，但現階段需要加碼更多的投資，用於商品改善與品牌行銷的活動，以加速擴張市場佔有率，因此現階段該商品對公司的獲利貢獻幫助有限。

❸ 金牛商品（Cash Cows）

市場成長率低＋相對市佔率高＝金牛

此產品亦稱為變現商品。該商品可能正處於成熟期階段，可為公司創造穩定的現金流。通常這類商品都是老商品，雖然具有高市佔率，但是未來成長性低，無須持續再投資，公司應該讓此類商品盡快變現，投資明星商品或問號商品的快速成長，以備將來轉為金牛商品，也為未來的明星商品及問號商品準備現金。

❹ 笨狗商品（Dogs）

市場成長率低＋相對市佔率低＝笨狗

該商品可能正處於衰退期或相對競爭力低，市場佔有率與成長性都低，這類商品不具備繼續投資的價值，最好的對策是安全關閉該產品線，將資源轉移給其他商品。

二、情報分析

本流程是從分析客戶（Customer）、比較對手（Competitor）、了解公司（Company）三大面向來作出全面性的策略思考。客戶端包含大環境分析-PEST分析、產業分析-五力分析、消費者分析，對手部分就是競爭者分析，公司部分則是了解自己公司的核心優勢。

1. 大環境分析-PEST分析

所謂大環境是指整個外部客觀環境而言，具有一定的方向性及持久性影響，這些變遷的力量往往會為企業帶來重大的機會（Opportunity）與威脅（Threat），因此在進行企劃行銷時，第一步

就是先蒐集外部大環境的相關資料，解讀出可以利用的市場機會，以及必須防範的外部威脅。

PEST環境分析如下——

P（Politics）：代表政治／法律趨勢。政治體制、稅法、財政預算分配、政府補貼政策、產業發展政策、產業規範法規、進出口限制法規、投資／金融／外匯政策與法規等方面的重大變化。

E（Economics）：代表經濟趨勢。全球經濟情況、資本市場、產業結構、經濟基礎設施、資源與商品供需情況、GDP成長率、失業率、所得分配比例、消費者物價指數、儲蓄水準、貨幣匯率走勢、通貨膨脹率等方面的重大變化。

S（Social）：代表社會／文化／人口趨勢。社會道德觀、價值觀、世界觀、社會風氣、生活方式、消費習慣、人口成長率、人口結構變化（例如高齡化、少子化）、族群組合、教育水準、家庭型態（例如單身、單親家庭）、地理人口分佈等方面的重大變化。

T（Technology）：代表科技／環境／生態趨勢。科技創新發展、政府科技政策與投資計畫、專利保護、科技研發預算、原物料供需、能源供應成本、環境汙染情況、政府環保政策等方面的重大變化。

以上大環境分析相關資料及數據，可蒐集來源包括各國趨勢專家出版的專書、政府公報、商業雜誌、產業報告等公開性資料。

2. 產業分析-五力分析

在完成大環境PEST情報蒐集之後，就要往下看到公司產業相關情報。哈佛大學教授麥可・波特（Michael E. Porter）出版的《競爭策略：產業環境及競爭者分析》（*Competitive stategy：techniques for analyzing industries and competitors*）一書，提出「五力分析」架構，可做為產業競爭環境分析的有效工具。

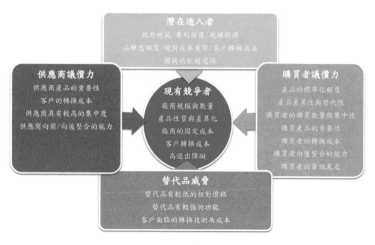

━━━━━━━ 五力分析 ━━━━━━━

❶ 供應商議價力

供應商可調高售價或降低品質，對產業成員施展議價能力。造成供應商議價力量強大的條件如下：

- 供應商產品的重要性
- 客戶的轉換成本
- 供應商具有較高的集中度
- 供應商向前／向後整合的能力

❷ 潛在進入者

新進入產業的廠商會帶來一些新產能，攫取既有市場，壓縮市場的價格，導致產業整體獲利下降。談到潛在進入者，由潛在進入者的進入障礙來談或許更清楚：

- 政府規範
- 專利保護
- 規模經濟
- 品牌忠誠度

- 絕對成本優勢
- 客戶轉換成本
- 獨特的配銷通路

❸ 現有競爭者

產業中現有的競爭模式是運用價格戰、促銷戰及提升服務品質等方式，競爭行動開始對競爭對手產生顯著影響時，就可能招致還擊，若是這些競爭行為愈趨激烈，甚至採取若干極端措施，產業會陷入長期的低迷。同業競爭強度受到下列因素影響：

- 廠商規模與數量
- 產品性質與差異化
- 廠商的固定成本
- 客戶轉換成本
- 高退出障礙

❹ 替代品威脅

產業內所有的公司都在競爭，但他們也同時和可能性替代品競爭，替代品的存在限制了一個產業的可能獲利，當替代品在性能／價格上所提供的替代方案越有利時，對產業利潤的威脅就越大。替代品的威脅來自於：

- 替代品有較低的相對價格
- 替代品有較強的功能
- 客戶面臨的轉換技術及成本

❺ 購買者議價力

消費者對抗廠商的方式，是設法使廠商壓低價格，爭取更高品質與更多的服務。消費者若有下列特性，相對賣方而言會有較強的議價能力：

- 產品的標準化程度
- 產品差異性與替代性
- 購買者的購買數量與集中性
- 購買產品的重要性
- 購買者的轉換成本
- 購買向後整合的能力
- 購買的資訊充足

3. 消費者分析

消費者分析最主要是要找到消費者的真正需求，包含「消費者行為研究」與「消費者洞察研究」。

❶ 消費者行為研究

消費者行為研究範疇包括分析目標市場的5W2H——購買標的（What）、購買動機（Why）、購買決策（Who）、如何購買（How）、期望價格（How Much）、購買時機（When）及何處購買（Where）。

而消費者行為會受到以下四種因素影響：

- 文化因素：包括目標客群的文化、次文化、社會階級
- 社會因素：包括同儕團體、家庭、角色與地位
- 個人因素：包括年齡、生命週期階段、職業、經濟條件、生活型態、人格特質
- 心理因素：包括動機、知覺、學習、信仰、態度

❷ 消費者洞察研究

新事業創新企劃提案面臨的最大挑戰是：洞察出連消費者自身都無法清楚察覺之未被滿足的潛在需要。即使運用傳統訪談方式或問卷調查，也無法問出消費者隱而未顯的需求，因此在進行消費者

洞察時，必須以觀察、同理心、洞察為基礎。

而消費者洞察面臨的挑戰是：如何能深度了解消費者？要關注哪些消費者？為解決上述問題，企劃人應走入消費者的真實世界，深入觀察消費者的真實經驗，從中獲得消費者未滿足需要的重要線索。

在進行觀察時，不只要看消費者做什麼，聽消費者說什麼，更重要是注意消費者不做什麼，以及傾聽消費者沒說的事情。從企劃雛形構想的目標客群當中，針對被觀察者，我們要進一步了解的是消費者內心真實的想法與感受、消費者的痛楚和消費者的渴望。簡單說就是要找到目標客群想完成的工作及面臨的問題（Jobs-to-be-done）。

4. 競爭者分析

無論是新事業的創新或是核心事業的改善，除了考慮大環境趨勢、產業趨勢及消費者需求之外，競爭對手的分析也是非常重要。原因很簡單，當你鎖定獵物，一股腦兒全力投入，在即將收割時，才察覺這個獵場還有別的獵人，而且比你更強壯，你會忽然發現之前所有對獵物的引誘及投資，都只是「為人作嫁」而已。所以，研究、比較競爭對手，不管是在商業行為的企劃、行銷、銷售，或是生活上的處世、戀愛、比賽，戰場上的生死拚鬥……等等，永遠是千古不變的重點科目。競爭分析如下表：

項目	自己	對手 1	對手 2
主力商品			
商品價格			
配銷通路			
促銷組合			
客戶服務			
競爭策略			

- 主力商品（Product）：產品線的種類、特色、品質、定位
- 商品價格（Price）：產品線的價格策略
- 配銷通路（Place）：廠商的配銷通路組合及強度
- 促銷組合（Promotion）：廠商的促銷組合及強度
- 客戶服務（Service）：保固年限、裝機、維護等相關售後服務需求
- 競爭策略（Strategy）：關注重點及相對的優勢與劣勢

以上資料蒐集來源包括公司官網資料、公司的年報與財報、媒體報導、產業報告等。另外，可輔以訪問調查法與觀察法，例如訪問通路商及消費者對競爭對手商品的看法，或親自參與購買競爭對手的商品與服務，以取得第一手的觀察資料。

5. 核心優勢分析

根據環境調查、產業趨勢分析、消費者研究、對手比較，以及公司現有之資源與核心競爭力，找出公司最核心的優勢。

三、企劃概念

企劃概念是指整個商業構想的核心概念，也是整個企劃提案的濃縮精髓。如何設計出簡單易懂、魅力十足的企劃概念，是打動人心、成功說服的關鍵。在實務作業上可應用「4C概念分析」來表達企劃概念的基本元素及中心思想。

Community（社群）：你的構想究竟要服務哪一類社群？

Change（改變）：你想改變何種產業的遊戲規則？

Connection（關聯）：針對你想改變的部分，提出何種要素與要素之間的新聯繫？

Conversation（對話）：你要向目標客群提出何種新的概念？

四、商業模式

商業模式就是描述一個組織如何創造、傳遞及獲取價值的手段與方法，是一種科學、系統化的組合，得以解釋公司的經營與獲利邏輯。商業模式是兩個結構，或說是九個欄位，分別代表九個要素的設計內容，設計者可用關鍵字句和圖像素描等方式，呈現出每個要素的概念內涵，並將九個要素的設計概念以邏輯關係加以整合。

以iPhone作個簡單範例，商業模式的設計要領如下：

1.關鍵夥伴	2.關鍵活動	4.價值主張	5.顧客關係	7.目標市場
電信技術公司 音樂版權公司 影視版權公司	iphone設計 軟體平台開發 音樂版權洽談 影視版權洽談 相關行銷活動	觸手可及及 全面掌握	品牌Fans	大眾市場
	3.關鍵資源 Apple品牌 iphone硬體 itunes軟體		**6.通路** Apple直營店 Apple零售商店 Apple官網	
8.成本 iphone設計及製造成本 軟體平台開發成本 音樂及影視下載權利金 行銷及銷售成本			**9.營收** iphone銷售營業額 音樂及影視下載營業額	

此外，有個關鍵要特別注意，商業模式是一種創新設計，而不只是創意設計。簡單來說，創新是一種全面型戰略，例如平板；而創意只是一種改善型戰術，例如小型筆電。iPhone一上市，立即衝垮八大主要市場：手機、相機、電腦、軟體、媒體、書局、音樂、電影，就是個創新商業模式最成功的典範。

1. 關鍵夥伴

是指能夠讓商業模式順利運作，所需之重要供應商及合作夥伴網絡。

尋求關鍵夥伴有以下幾種主要動機：

- 資產配置的最佳化（效率提升、成本下降、經濟規模）
- 降低經營環境的不確定風險
- 取得特定的資源與能力

關鍵夥伴關係有以下幾種類型：

- 非競爭關係的策略聯盟
- 競合關係夥伴
- 共同投資夥伴
- 採購與供應夥伴

思考焦點包括：

- 誰是重要的合作夥伴？
- 誰是重要的供應商？
- 希望從重要夥伴取得何種重要資源？
- 希望重要夥伴幫助我們完成何種重要活動？

2. 關鍵活動

是指能讓商業模式順利運作所需之重要活動／行動／事情。這些活動能幫助創造客戶價值、建立有效通路、維護顧客關係、產生營收來源。

關鍵活動有以下幾種類型：

- 生產性活動
- 問題解決性活動
- 平台或網路的管理與促進活動

思考焦點包括：

- 創造客戶價值需要什麼重要活動？
- 建立通路需要什麼重要活動？

- 維護顧客關係需要什麼重要活動？
- 創造營收需要什麼重要活動？

3. 關鍵資源

是指能讓商業模式順利運作所需之重要資源。這些資源能幫助創造客戶價值、建立有效通路、維護顧客關係、產生營收來源。

關鍵資源有以下幾種類型：

- 實體資源（生產設備、建築、系統、配銷通路）
- 智慧資產（品牌、專業know-how、專利、著作權、夥伴關係、客戶資料）
- 人力資源
- 財務資源（現金、資產、銀行信用）

思考焦點包括：

- 創造客戶價值需要什麼重要資源？
- 建立通路需要什麼重要資源？
- 維護顧客關係需要什麼重要資源？
- 創造營收需要什麼重要資源？

4. 價值主張

是指能為目標客群創造價值的商品、服務或商品與服務的組合。

思考焦點包括：

- 提供客戶什麼商品／服務或組合？
- 滿足客戶什麼需要？
- 提供客戶何種價值？
- 幫助客戶解決什麼工作問題？

可為目標客群創造或提高價值的方式有：新穎的商品或服務、改善商品／服務的功能、客製化、幫助客戶完成重要工作、提高設

計質感、彰顯社會地位的品牌價值、以更低價格提供相同的價值、降低客戶採購成本、降低客戶的購買風險、提高客戶購買及使用商品的可接近性與便利性等。

5. 顧客關係

是指公司希望與目標客群建立的關係型態。顧客關係會影響到客戶整體的購買體驗。

思考焦點包括：

- 目標客群希望能與公司建立與維持何種關係？
- 維持特定的顧客關係需花費的成本？
- 特定的顧客關係要如何與整個商業模式整合？

6. 通路

通路可分為直接通路與間接通路。

通路具有以下的功能：

- 幫助客戶購買公司的商品或服務
- 幫助公司配送商品給客戶，提供客戶售後服務
- 幫助客戶評估公司的價值提案
- 提高目標客群對公司商品的知覺

思考焦點包括：

- 客戶希望透過何種管道被接觸？
- 哪些通路最有效？
- 通路要如何整合？

以創造最高客戶體驗、達成最佳成本效益為主要目的。

7. 目標市場

目標市場就是通過市場細分成子市場之後，企業準備以相應的商品和服務滿足其需要的一個或幾個子市場。

思考焦點包括：

- 重要的客戶是誰？
- 公司要為哪些客戶創造價值？

可以根據一般消費者共同需要或必須共同完成的重要工作（jobs-to-be-done），將客戶市場區隔為不同的市場區塊，深入了解每個市場區塊必須完成的重要工作，從中選擇一個或數個目標市場客群做為設計商業模式的基礎。

8. 成本

是指運作商業模式所衍生的成本。從商業模式運作所需之資源、活動、夥伴，可以推算出所需成本。成本結構分為固定成本與變動成本，而根據驅動方式可區分兩種不同類型的商業模式：

❶ 成本驅動的商業模式（cost-driven）

聚焦於成本最低化，例如低成本的價值提案、自動化、外包。

❷ 價值驅動的商業模式（value-driven）

聚焦於客戶利益最大化，比較不考慮成本因素，例如客製化服務。

思考焦點包括：

- 商業模式中最重要的成本來源？
- 哪些重要資源最昂貴？
- 執行哪些活動的成本最高？

9. 營收

營收來源是指公司從每個目標客群獲得的收入。

營收來源有以下幾種類型：

- 資產銷售
- 使用服務費

- 會員費
- 租賃費
- 授權費
- 仲介費
- 廣告費

每一個目標客群可以有一種或多種營收來源，每一種營收來源可以有不同的訂價機制。

思考焦點包括：

- 目標客群會願意為什麼價值付錢？
- 目標客群願意付多少錢？
- 用什麼方式付錢？
- 每種營收來源對總體營收與獲利的貢獻度？

現況分析（Situation）

知道自己公司「現況」，簡單來說，就是知道自己「身在何方」（Where We Are）。

很多企業花很大力氣去了解客戶、比較對手，但卻沒有「自知之明」，喜歡「逞強鬥狠」，最後落了個以卵擊石，為人作嫁，主因都出在對自己及現況沒作出系統化的了解。

現況分析必須使用一個很重要的工具，叫作 SWOT 分析。

根據外部重要情報分析，清楚界定目前所面臨的外部機會（O）與威脅（T）；而當企劃願景與使命完成後，必須進行企業內部情報蒐集，並考量與競爭對手比較，界定企業內部的優勢（S）與劣勢（W）。如此的統整內外情報，便是所謂的 SWOT 現況分析。

以下把內部因素及外部因素作一個細部說明：

一、內部因素（SW）

屬於公司內部可控因素，泛指公司關鍵能力、關鍵資源，例如公司形象、企業文化、品牌、市佔率、產品、價格、通路、促銷、專利、核心技術、人員素質及售前售後服務……等等，分析者必須將以上的項目列出，且與競爭對手比較，分別決定出公司的優勢（Strength）或是劣勢（Weakness）。必須特別注意的是，所謂的優勢與劣勢是相對的，假設你公司產品是兩天完修，你覺得不夠好，但主要競爭對手都要修三天以上，那麼你反而是優勢；相反的，如果你的競爭對手一天完修，你在這個項目就真的處於劣勢了。

二、外部因素（OT）

　　屬於公司不可控的外部環境因素，例如PEST大環境趨勢情報、產業五力分析情報、消費者情報、競爭者情報……等等，會影響企劃提案成敗，與其相關且重要的外部因素，分析者必須決定哪些因素是屬於機會（Opportunity），哪些是屬於威脅（Threat）。

　　下表是A牌公司數位複合機SWOT簡單範例，提供檢視參考。

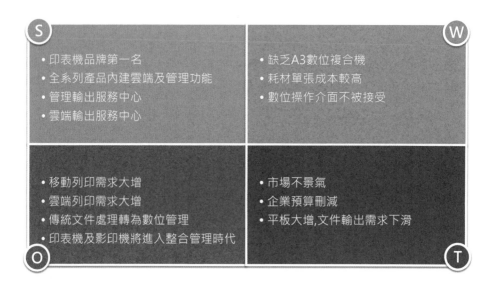

S
- 印表機品牌第一名
- 全系列產品內建雲端及管理功能
- 管理輸出服務中心
- 雲端輸出服務中心

W
- 缺乏A3數位複合機
- 耗材單張成本較高
- 數位操作介面不被接受

O
- 移動列印需求大增
- 雲端列印需求大增
- 傳統文件處理轉為數位管理
- 印表機及影印機將進入整合管理時代

T
- 市場不景氣
- 企業預算刪減
- 平板大增,文件輸出需求下滑

方針擬定（Policy）

　　完成SWOT分析表後，只是清楚界定出外部機會與威脅，以及內部優勢與劣勢，為了將SWOT分析結果與目標設定、障礙因應、策略規劃、執行計劃進行連結，須將SWOT分析結果轉化成重要策略議題，然後再進一步做政策方針的擬定。

一、策略議題

　　如下表，必須進行兩步驟：

1. 把SWOT的分析結果移到縱軸及橫軸。

2. 在每一個象限填入相關策略議題。共分成四種策略議題：

S W O T	Strength (優勢) • 印表機品牌第一名 • 全系列產品內建雲端及管理功能 • 管理輸出服務中心 • 雲端輸出服務中心	Weakness (劣勢) • 缺乏A3數位複合機 • 耗材單張成本較高 • 數位操作介面不被接受
Opportunity (機會) • 移動列印需求大增 • 雲端列印需求大增 • 傳統文件處理轉為數位管理 • 印表機及影印機將進入整合管理時代	**SO 增長型策略** • 主推管理服務及雲端服務 • 整合現有印表機的主要企業客戶	**WO 扭轉型策略** • 反應總部趕快上市新機種 • 中小企業用低階A4 以買代租 • 扭轉客戶成本概念 • 扭轉客戶「數位介面不好用」的錯誤刻板印象
Threat (威脅) • 市場不景氣 • 企業預算刪減 • 平板大增,文件輸出需求下滑	**ST 教育型策略** • 教育市場,管理加上雲端就是為了更省錢	**WT 保守型策略** • 列印量不高的客戶,鼓勵使用低階A4 以買代租更精省

❶ SO（增長型）

自己優勢（S）＋市場機會（O）＝增長型策略

運用優勢抓住機會，正面的去放大相關自己優勢及市場機會。

❷ WO（扭轉型）

自己劣勢（**W**）＋市場機會（**O**）＝扭轉型策略

市場雖有商機，但卻是自己的相對劣勢，務必將自己的劣勢淡化，開創另一種遊戲規則，扭轉成對自己有利的局面。

❸ ST（教育型）

自己優勢（**S**）＋市場威脅（**T**）＝教育型策略

自己優勢，但卻面臨市場的負面威脅因素，最好的方法就是對市場進行教育，讓負面市場轉為商機，並有利於自己的優勢。

❹ WT（保守型）

自己劣勢（**W**）＋市場威脅（**T**）＝保守型策略

既然是市場威脅，沒有商機，剛好自己在這議題也無優勢，可作一些基本型的市場回應或先不予理會。

二、政策方針

針對企劃構想設定清楚的策略議題後，必須整合思考如何處理策略議題的最高政策指導原則，這項指導原則具有決策位階的最高指導地位，又稱為「企劃案政策方針」。

政策方針決定了企劃案未來的經營方向，指導目標的設定、對策的開展及行動計劃的規劃方向，是所有參與企劃案規劃、決策、管理與執行人員都必須清楚牢記的決策準則。

撰寫政策方針，必須把握條列清楚、簡明好記的原則。大體上來說，有幾個重點：目標市場、策略定位、價值提案、優勢資源、服務口碑、防模仿機制、風險預防。接著以上的SWOT分析及策略議題。（※參考範例為「A牌數位複合機成長企劃書」P.112）

目標設定（Objective）

　　在確認目的、分析過現況，擬定好方針之後，接下來就必須設定想達成的具體標準，做為全體成員努力的共同目標。在這個流程會運用到兩個技術工具——安索夫矩陣和成長組合分析表。

一、市場組合

市場 \ 產品	舊產品	新產品
舊市場	**市場滲透** 搶市佔率	**產品延伸** 開發新產品
新市場	**市場開發** 開發新市場	**多角經營** 開發新產品，開發新市場

　　安索夫矩陣（ANSOFF），以產品和市場做為兩大基本面向，橫軸為「舊／新產品」，縱軸為「舊／新市場」，劃分出四種市場組合策略——市場滲透、市場開發、產品延伸、多角經營，用來分析不同產品在不同市場的發展政策，是應用最廣泛的經營分析工具之一。之所以會放在目標設定流程應用，是因為將產品線放在四個對應象限時，很容易對目標市場的設定有一個完整概念，並有助於下一節成長組合的策略擬定。

安索夫策略的細部解說如下：

1. 市場滲透（Market Penetration）策略

此象限是舊產品及舊市場，大概所有的競爭者都進來了，所以很容易陷入紅海之爭，建議除了強化行銷活動，另須思考改善產品、重新定位品牌，才會出現差異化，增加營收或提高市佔率，例如印表機在既有印表機市場的競爭。

2. 市場開發（Market Development）策略

此象限是舊產品及新市場，針對既有產品，開發新的目標客群或市場區塊，例如將產品外銷到其他國家，或是在新的區域進行銷售，以達成事業成長的目標，例如用印表機去開發傳真機市場。

3. 產品延伸（Product Development）策略

此象限是新產品及舊市場，針對原有客群的相同需求，開發新產品取代舊產品，例如製造新功能印表機或延伸性產品，賣給舊客戶，以用來作產品差異化。

4. 多角經營（Diversification）策略

此象限是新產品及新市場，同時發展新產品賣給新客戶。多角經營策略可分為兩種型態：

❶ 在相關產業的多角化

具備相關的產業市場經驗，例如雷射印表機廠商製造新的高速噴墨印表機，進入印刷業領域，二者都屬於輸出相關市場。

❷ 不相關產業的多角化

不具備相關的產業市場經驗，例如雷射印表機廠商轉投資手機生產。

從企業發展的階段性成長角度，必須平衡考慮風險與成長的關係，策略選擇次序應以低度風險的市場滲透策略為優先，其次是中

度風險的市場開發與產品延伸策略,當然有時若舊產品舊市場進入紅海時,也許就該好好開發新市場或新產品。多角經營策略則屬於高度風險的策略選項,為了降低風險,採取此策略時,可以採從核心能力往外擴展延伸的多角化方式,有效降低多角經營的風險。

二、成長組合(Business Mix)

看完了安索夫市場組合,接下來才是真正的目標設定。我在外商工作期間,每半年得作一次目標設定,都要花很多時間跟國外「談判」,國外總是要「壓榨」我們,逼我們拿高成長目標,而我們總是要對國外「裝死」,希望拿個低一點的目標,彼此就在爾虞我詐中你來我往的雞同鴨講……後來我就自己設計了一個討論表格(成長組合分析表),以前要討論3小時的東西,只要花30分鐘就可以談完,誰也不用欺騙誰。

因為外部市場規模有公開的市調公司提供,而公司內部有今年的營業額、獲利率及市佔率資料,只要專注在明年的成長率、市佔率及相關策略,營業額業績目標自然就會跑出來,而獲利目標就看明年需要在這產品線取得多少毛利貢獻,這樣整個目標設定就完成了!

產品	市場 (外部 市調)			公司 (內部 設定)									主要策略
	規模 (億)			營業額 (億)			獲利率 (%)			市佔率 (%)			
	今年	明年	成長率	今年	明年	成長率	今年	明年	成長	今年	明年	成長	
A	10.0	9.0	-10%	5.0	5.0	0%	15%	20%	5%	50%	56%	6%	市場滲透
B	5.0	5.0	0%	2.0	3.0	50%	6%	7%	1%	40%	60%	20%	開發市場
C	5.0	8.0	60%	3.0	6.0	100%	5%	6%	1%	60%	75%	15%	開發市場
D	10.0	9.0	-10%	1.0	2.0	100%	5%	6%	1%	10%	22%	12%	產品延伸
E	0.1	1.0	900%	0.1	2.0	2122%	20%	20%	0%	100%	100%	0%	多角經營
加總	30.1	32.0	6.3%	11.1	18.0	62%	10%	12%	2%	37%	56%	19%	

▶成長組合
分析表

1. **產品**：公司BCG的投資產品組合。

2. **市場**：外部資訊來自於具公信力之市調公司（IDC、Gartner、GFK⋯⋯等等）。

3. **公司**：目標設定邏輯要以談到營業額及市佔率有成長為最佳。如果市場萎縮，目標設定更是至關重要，談太高，根本做不到，等著天天被修理；談太低，就養不起人，最好的解法是控制到公司跌幅比市場跌幅低，也就是市佔率保持成長，但也許業績目標並沒有成長，這或許是比較合理的目標設定。

障礙因應（Barrier）

這裡所指的障礙，是指現況與目標之間存在的落差，我們得分析問題背後的真正原因，並提出相關對策。譬如將 A 牌數位複合機的障礙分析如下表：

	問題	原因	對策
數位複合機	客戶使用習慣轉移不易	使用者習慣傳統類比介面已幾十年	說服客戶數位介面是以後趨勢
	單張成本無法競爭	碳粉匣成本太高	不談價格，只談價值
	沒有 OA 通路	過去沒在影印機領域活動	開始招募 OA 通路
	產品線不夠齊全	找不到願意配合的廠商	積極尋找願意配合之廠商

一、列出問題

要達成設定目標，第一步便是列出現況與目標之間的重大問題。如上圖就是先列出所有可能問題，再用投票表決出重大性之排序。

二、分析原因

小孩發燒不是原因，只是問題，重點是要找出產生問題的原因。經營事業也是如此，找不到病因（原因）便無法對症下藥。分析相關工具可使用魚骨圖、親和圖（KJ 法）、關連圖等肇因分析工具。

三、提供對策

找到真正的原因之後，便是要提供問題與原因的相關對策。

策略規劃（Strategy）

　　走到這個流程，所謂的策略，就是進一步用行銷手法將市場作一個區隔、選擇與定位，然後再展開最後的執行方案。

　　或許有人會納悶，前面好幾個流程都曾提到「策略」，從第一流程的企劃概念、商業模式，第三流程的策略議題、政策方針，第四流程的市場組合-安索夫矩陣，第五流程的提供對策，進行到這個流程談的是STP策略，後面第七流程又有4P策略，這之間到底哪一個是真正的策略？彼此又有怎樣的關聯？

　　我的回答是：**企劃概念及商業模式指的是「經營願景」，策略議題、政策方針指的是「策略準則」，安索夫矩陣指的是「產品及市場組合」，障礙對策指的是「落差補平」，STP指的是「行銷戰略」，4P指的是「行銷戰術」。**雖然都說是「策略」，但各流程中的策略定義及內涵各有不同，值得讀者細細品味。

　　在此流程中，焦點是要認知在同一市場裡鮮少有商品或服務可以滿足所有顧客；換言之，並非所有顧客願意購買相同的商品或服務。因此，必須將市場與客戶進行分類，異中求同，找出某一類市場的客群做為目標客群，設法比競爭對手更能滿足特定客群的特定需求。整個過程包含區隔市場（Segmentation）、選擇目標（Targeting）與找到定位（Positioning）三個面向，這個程序稱之為STP市場定位。

一、區隔市場（Segmentation）

　　即透過各式區隔變數，從大眾市場中有效定義個人或組織共同

之特性，將其歸納為不同族群的分眾市場。有效的市場區隔，不僅能幫助企業挖掘未被滿足的市場機會，方便找出有利的目標市場，為目標顧客量身打造獨特的行銷組合，滿足其特定、未被滿足的需求，以創造差異化的競爭優勢。

市場區隔的型態可分為消費市場與商業市場兩大類。

1. 消費市場

透過四個基本（常用）區隔變數來找出市場區隔。

- **地理：**都市化程度（都市／鄉村）、區域（北／中／南）、氣候（寒帶／熱帶）、語言（英語系／非英語系）
- **人口：**年齡、性別、所得、婚姻、教育程度、家庭人數、職業
- **心理：**個性（積極／被動）、生活型態（時尚／休閒）
- **行為：**尋求利益、使用頻率、採購時機、品牌忠誠、重要工作

2. 商業市場

顧客是企業，市場區隔以企業為著眼點，分別以宏觀市場區隔（企業基本資料）及微觀市場區隔（企業組織運作）。

❶ 宏觀市場

- **企業規模：**單位人數達 1,000 人以上為大型、100 ～ 999 人為中型、0 ～ 99 人為小型（也可用營業額來分）
- **行業別：**如金融業、服務業、製造業、公家機關等等，或依屬性再細分金融業為銀行、保險、證券
- **地理位置：**如台灣北部、中部、南部、東部及離島

❷ 微觀市場

- **種類：**分為新購合約或續購合約
- **方式：**分為集中採購或個別採購
- **準則：**分為擇廉或擇優，一般公家機關屬於前者

● **流程**：分為競標或議價，一般公家機關屬於前者

有效的市場區隔必須符合下列五個條件：

❸ **明確性（Specific）**

可以明確界定區隔範疇，以量化呈現市場規模或產值，市場具某種程度規模或相當的獲利。

❹ **衡量性（Measureable）**

是指市場區隔的特徵到了可以被辨識和加以評估的程度。

❺ **反應性（Actionable）**

是指每一個市場區隔，必須對廠商的不同行銷策略有不同的反應；換句話說，如果不同的市場區隔，對不同的行銷策略卻有相同的反應，這個市場區隔就是失敗的。

❻ **持續性（Retainable）**

市場區隔會不會因為時間過去而消失？這也是行銷人員在區隔市場時必須考量的因素，如果區隔的耐久性不夠，恐怕無法作出有效的行銷方案。

❼ **觸及性（Tangible）**

市場區隔要奏效，行銷人員務必要很貼近市場，深入去探察每個區隔的反應。如果無法貼近市場，觸及市場，那麼這個區隔便無法有效操作，也就失去了區隔的意義。

二、選擇目標（Targeting）

完成市場區隔後，緊接著要選擇目標，評選出一個最具市場吸引力（包括有獲利、具規模、高成長、低風險），與競爭對手有差異化，並且符合企業本身的願景、優勢或核心能力（關鍵資源、關鍵能力、關鍵夥伴）的市場區塊做為目標市場。選擇目標市場的主

要用意，在於如何有效讓目標顧客快速接受廠商想要提供的商品。

很多不懂行銷的人，總喜歡「寧可錯殺一百，不想放過一人」的大眾行銷。要知道一旦目標市場失焦，行銷人員就不知道如何標定顧客認知的範圍，也就無從了解顧客對商品的價值與利益認知，導致商品無法精準定位。

此外，目標市場也不一定要同時操作。目標市場選擇的精髓在於哪一個市場區塊最能發揮企業優勢，尤其是新事業導入期要特別留意，等新事業累積成功經驗後，再切入另一個目標市場還不遲。

一般選擇目標市場的方式分為五種：1.單一性、2.選擇性、3.產品性、4.市場性、5.全面性。下面先畫出二維表格，以縱軸為產品（P–Product）、橫軸為市場（M–Market），再依定義、特點及風險一一介紹。

1. 單一性（單一產品／單一區隔）

	M1	M2	M3	M4
P1				
P2				
P3				
P4				
P5				

❶ 定義

企業將目標和資源放在某一特定區隔，也就是所謂的利基市場（Niche market），通常是新產品剛剛導入，或是某種需要特殊核心能力才能運作的市場區隔。

❷ 特點

由於行銷資源集中在某一塊市場，公司比較容易作深入的了解與經營，而專注的操作，通常會呈現集中化的優勢與收益。

❸ 風險

因為只單獨操作一個特定區隔，如果經營不如預期，公司會馬上進入緊急狀態。此時若要再啟動另一個區隔市場，會需要一段時間醞釀，也必須有充足的資金才行。

2. 選擇性（選擇產品／選擇區隔）

	M1	M2	M3	M4
P1				
P2				
P3				
P4				
P5				

❶ 定義

企業以不同產品進入不同的市場區隔，並在上面發展不同的行銷策略，最經典的例子——寶鹼公司（P&G），生產許多洗髮精品牌，包括海倫仙度絲、沙宣、潘婷跟飛柔等，每一品牌皆有其不同的產品市場定位與區隔，其中海倫仙度絲被定位為去頭皮屑的洗髮精。

❷ 特點

此種方式可分散經營風險，如果加上行銷手法及定位正確，會讓每個行銷區隔都呈現獲利。

❸ 風險

若選擇方式過於散亂，水平產品專業及垂直市場專業不易聚焦，行銷操作多元且複雜，當然比較不易收到整體綜效。

3. 產品性（單一產品／全部區隔）

	M1	M2	M3	M4
P1				
P2				
P3				
P4				
P5				

❶ 定義

指企業在某一產品線，供應給所有的市場，不用作區隔。一般比較大眾化的商品，會有這樣的行銷操作模式，例如黑白雷射印表機，從個人家用到中小企業、大型企業、公家機關都可適用。

❷ 特點

在選擇到的產品線會有很高的產品優勢及辨識度。

❸ 風險

只專注於製造某些產品，風險自然也在其中。

4. 市場性（全部產品／單一區隔）

	M1	M2	M3	M4
P1				
P2				
P3				
P4				
P5				

❶ 定義

企業為某一客戶群，提供各種產品，以滿足其不同的需要。譬如一個跑車俱樂部，廠商除了賣跑車給這些企業菁英之外，還可以販售高爾夫球證、職場高階管理訓練、代辦出國旅遊……簡單的說，就是滿足菁英們可能從事的各種相關活動。

❷ 特點

在選擇到的單一市場區隔，產品線全部進駐，很有機會取得該市場的主導地位。

❸ 風險

只專注經營某塊市場，萬一市場突然緊縮，就會陷入經營窘境。

5. 全面性（全部產品／全部區隔）

	M1	M2	M3	M4
P1				
P2				
P3				
P4				
P5				

❶ 定義

指企業有足夠的產品、足夠的資源，涵蓋整個市場的不同需求。

❷ 特點

由不同的產品線，針對全市場作差異化行銷，較易取得全產品及市場的主導地位。

❸ 風險

通常只有規模大的公司才做得到，小公司或資源不足時，不可做這種全面性的投資。

三、找到定位（Positioning）

區隔出市場，完成目標市場選擇，接下來就是要對選出的目標市場作定位聲明。

企業必須設法提出有別於眾多競爭者的差異化競爭優勢，讓目標顧客能夠察覺、辨識，並將商品、品牌或企業本身深植於心中，成為對目標顧客有意義且獨特的認知。

簡單來說，商品定位就是企業以目標客群認知為軸心的差異化競爭優勢陳述，又可稱之為「商品的獨特價值提案」或「獨特賣點」。

一個有效的商品定位，必須同時具備能滿足目標客戶的重要需求、與競爭對手有清楚的差異化、能夠凸顯公司的競爭優勢等三個要件，也就是要找「**客戶要的，對手沒的，自己強的**」。

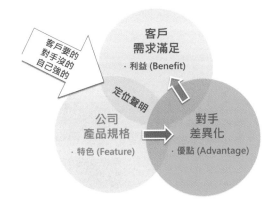

在實際應用時，我會以FAB的定位程序來輔助：

1. Feature（特色）

第一個步驟就是把商品的主要規格寫下來。在某些情形下，特色不一定只是列出規格，也可以加入服務、解決方案及一些與產品相關的關鍵特色。此步驟比較像是「What」的層次，就只是列出「有什麼」，重點是要找出「自己強的」。

2. Advantage（優點）

第二個步驟就是把特色轉為優點。特色是一個產品的層次，優點則會進到使用層次，做一些體驗感知的加強，可說是一個「How」的層次，講的是「做什麼」。另一個重要工作是，同時要跟主要競爭對手做出比較及尋找差異性，找出「自己強的，對手沒的」的優點。

3. Benefit（利益）

第三個步驟就是把優點轉為客戶利益。可以說從產品、競爭，進入到客戶感知的層次。要知道客戶才是王道，如果客戶不買單，一切都是多餘。此步驟是一個「Why」的層次，講的是「為什麼」，客戶為什麼要買你的產品？他可從中取得或感受到什麼樣的利益？或解決了什麼樣的痛點？所以要延續之前的「自己強的，對手沒的」，變成「自己強的，對手沒的，客戶要的」。

下圖以 A 牌多功能事務機為例，示範說明 FAB 三步驟：

Feature 特色	Advantage 優點	Benefit 利益
自己強的	**對手沒的**	**客戶要的**
將公司產品的主要特色列出	1.將產品特色轉為使用上的優點 2.標色處為對手沒的	1.將使用上的優點轉為客戶利益 2.標色處為對手沒的+客戶要的
體積小	不佔空間	省空間
智慧驅動軟體	自動裝機	省時
瞬間啟動	列印迅速	省時
自動開機關機功能	自動休眠	省電
手機列印	手機直接列印,行動新趨勢	行動
雲端列印	網際列印,雲端新趨勢	雲端
網路管理	可管理印表機之使用狀態	管理

定位

❶ 列出產品特色
列出A牌多功能事務機主要產品規格及特色。

❷ 把特色轉為優點
標出對手沒有的，列印迅速／自動休眠／手機直接列印／行動新趨勢／網際列印／雲端新趨勢。

❸ 由優點轉為利益
選出客戶要的，客戶雖然也愛省時省錢，但如果不是「自己強的，對手沒的」，就不會納入定位聲明，所以最終剩下行動／雲端。

綜合以上的FAB定位步驟，接著要進行的是定位聲明，在此也提供一個知覺定位圖、定位聲明及Slogan給各位參考。

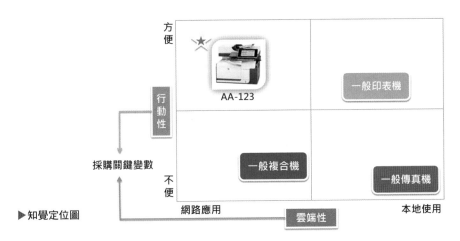

▶知覺定位圖

以這個例子來說，定位聲明如下：

針對（中小企業）

（A公司）（AA-123機種）

是提供（行動化、雲端化）的（多功能事務機）

（Slogan：行動自如，漫步雲端，買得起的好品質）

用一張表格完成 STP 流程

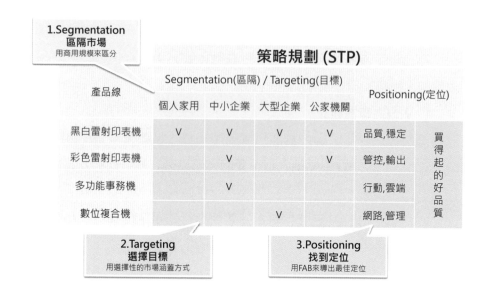

1. Segmentation（區隔市場）

因為印表機是一個很普及的產品，且與公司人數及列印量有關，所以我在這邊選擇了商用規模來做為市場區隔。

2. Targeting（選擇目標）

列出所有的產品線，由於產品策略的不同，且資源有限，所以作全面性的操作機會不大，這樣看來，就會使用選擇性的市場操作，較為合理。

3. Positioning（找到定位）

使用前面所說的FAB方法，堅守「自己強的，對手沒的，客人要的」的原則，為每一條產品線找出個別定位。 特別要提的是，除了每一條產品線需要找出定位之外，從總體操作的角度來看，也需要給一個總體定位，一般我們稱為定位大傘。

執行計劃（Tactics）

　　由策略進到執行，就是一個由戰略進到戰術的鋪排動作。在這個流程，我們所運用到的就是所謂的4P行銷組合。或許有些讀者曾在很多地方看過不只4P，甚至已經到了9P，但本書既然是以簡單易懂為出發點，我想就4P本質來討論，應該會是一個較為快速有效的切入方式。

　　4P行銷組合指的就是Product（產品）、Price（價格）、Place（通路）、Promotion（促銷），介紹重點如下：

一、Product（產品）

　　廣義而言，任何能滿足目標客群的需求或利益者，包括實體商品與非實體的服務，甚至無形的理念或價值觀等，皆可稱為產品。產品戰術是4P行銷組合的核心，是生產者與顧客交易的中心，生產者透過產品來滿足顧客需求以獲取利潤。

　　當進入產品戰術設計階段時，必須參考前階段已完成之企劃概念、商業模式、政策方針、障礙對策與STP行銷策略等流程，採取最適切的戰術，界定完整的產品概念，以進行產品設計與開發任務。

　　完整的產品種類包含以下三個層次：

1. 核心產品

　　又稱核心利益，承接自商品定位。例如：A牌雷射印表機→買得起的好品質。

2. 有形產品

又稱實際商品，包含品牌、功能、外觀、包裝。例如：A牌雷射印表機。

3. 延伸產品

又稱附加商品，包含週邊配件、安裝、保固、服務等。例如：A牌雷射印表機碳粉匣、送紙匣、到府組裝、三年保固等等。

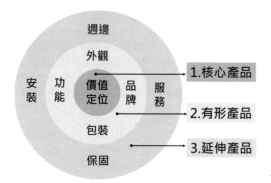

◀ 完整產品示意圖

在操作產品的行銷策略時，除了之前的BCG投資組合、ANSOFF市場組合，真正進入細部操作，莫過於產品生命週期管理（Product Life Cycle Management），企劃人必須認知到每個商品都有一定的生命週期。一般而言，產品生命週期可分為四個階段：

❶ 導入期

新商品剛導入市場，此階段的目標是努力創造商品知名度，向目標客戶溝通商品的利益。這個時期的特徵是只有少數大膽的創新購買者（約佔總顧客數2.5％）會成為第一批購買者，此時市場上競爭者非常少，銷售量與獲利都低。

❷ 成長期

導入期發展順利的商品逐漸進入下個階段的發展，稱為成長期。透過創新購買者的口碑，吸引數量較多的早期使用者（early

adopter purchasers，約佔總顧客數13.5％）開始購買，此時競爭對手開始加入市場，銷售量快速增加，獲利也逐漸成長。

❸ 成熟期

成長期順利發展後將逐漸進入商品的成熟期，中間大量的消費者（middle majority customers，約佔總顧客數68％）加入採購行列，實力不足的競爭對手被迫退出市場，市場競爭強度開始下降，此時商品將產生高營收與高獲利，為公司帶進大量的現金流，但這時候獲利雖然成長，但是未來成長率卻逐漸下降。

❹ 衰退期

商品經歷成熟期後逐漸步入衰退期，因大部分消費者的偏好逐漸改變，市場出現創新型商品逐漸取代公司舊商品的市場地位，這時只有落後型消費者（laggard customers，約佔總顧客數16％）會購買商品，大部分的競爭對手都已退出競爭，商品的營收與獲利同步大幅衰退。

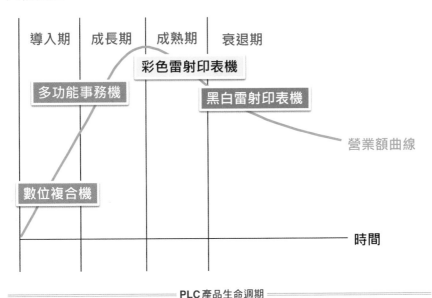

PLC產品生命週期

如下表，我把整個產品生命週期的關注焦點，依據實務經驗完整記錄下來，以做為讀者行銷操作之準則。

產品生命週期		導入期	成長期	成熟期	衰退期
市場特性	週期比例	2.5%	13.5%	68%	16%
	顧客類型	創新者	早期者	中間大眾	落後者
	競爭者	少	增加	最多	下降
策略思考	策略焦點	技術	成長	標準化	安全
	行銷焦點	打開知名度	市佔率極大化	獲利極大化	減少支出
	市場操作	打開市場	擴充市場	保持市場	轉換市場
生意規模	銷售量	低	快速成長	緩成長	負成長
	獲利率	負	上升	最高	低或無
產品管理	產品策略	基本品	改良品	差異化	合理化
	品牌策略	認知	偏好	忠誠	選擇
價格管理	定價策略	吸脂	滲透	競爭	停損
通路管理	經銷商策略	滲透	吸收	管理	照顧
	使用者策略	試用	口碑	服務	品牌

二、Price（價格）

價格相較於行銷組合其他元素，是唯一創造實際營收者，也是最有彈性且最具挑戰性的元素。對顧客而言，價格是生產者加諸於產品價值的最直接感受。

企業的訂價目的，必須以達成行銷目標為最高指導原則。簡單來說，**最好的售價就是客戶可以接受的最高價格。**

談及價格，有兩部分要討論：

1. 訂價策略

可分為吸脂訂價、滲透訂價、競爭訂價、停損訂價四種方式，簡單整理表格如下：

訂價策略	目的	特性	時機
吸脂	樹立品牌 高利潤以回補行銷成本	高價 高利少銷	導入期 領導品牌 寡占性強
滲透	快速成長 迅速提高市佔率	中低價 擴大市場	成長期 後進市場者
競爭	穩定市場 保護市佔率 無差異化不存在	低價 薄利多銷 面對競爭	成熟期 大量競爭者
停損	減低風險 安全轉移	合理價 安全收尾	衰退期 競爭者離開

　　訂價策略是很難拿捏的部分，大部分的人都會在緊張怕輸的狀況下，輕易的就把價格讓了出去。在此給大家一個很有趣的試算，看完一定讓你驚醒！假設此交易利潤是10%，當你售價只降5%時，卻得賣2倍的台數，才能賺進一樣的毛利。因為你讓出去的，就是你原本可得的毛利部分！

　　由此我們就能體會，為何有人說「做生意是徒弟，收錢是師父」，只要被倒一筆債，就得用好幾十倍的生意補回，當你在經營這幾十倍生意的時候，其實也隱含著更多的成本及風險，這樣的財務概念務必要深植心中。

	售價 100	售價 95	狀況
售價/台 A	100	95	降5%售價
總台數 B	150	300	2倍總台數
成本/台 C	90	90	成本不變
營業額 D＝B×A	15,000	28,500	1.9倍營業額
總成本 E＝B×C	13,500	27,000	2倍總成本
總毛利 F＝D-E	1,500	1,500	總毛利沒變

2. 價值曲線

另一個關於價格的議題，就是所謂的「價值曲線」，這個概念在我當產品經理期間非常受用，因為一個產品經理很可能不只看單一產品，價值曲線除了能夠看出自己的全部產品價格定位是否合理（在同一條線上），也可以很快看出自己與競爭對手的相對位置，若是在不利的位置，就必須重新定位，拉高價值，或降價以抵抗競爭對手。如果是領導品牌，最佳方式是採取前者的做法。

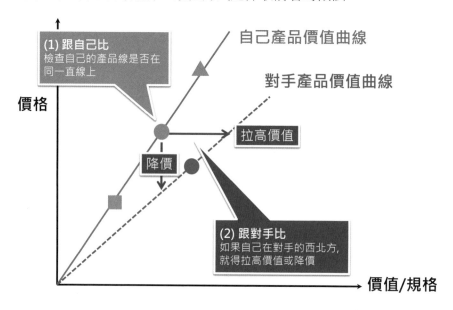

三、Place（通路）

一般而言，通路泛指經銷商；廣義來說，通路也可說是整個從原廠製造商→經過經銷商→到達終端使用者，所需要通過的路徑。

過去我在作通路規劃或是通路的業績設定時，大腦第一時間就會飄出次頁這一張圖，這張通路管理架構圖只要一出現，答案就已經全部現形。

這張圖每一個顏色區塊代表一個類型,「#」代表通路家數,「%」代表佔整個原廠營業額比例,每一層由左到右加起來都是100%。

整張圖共分為四個層次:

1. 原廠

這是第一層,泛指所有的品牌製造商。

2. 代理商╱直銷商╱直銷客戶

這是第二層,也就是直接跟原廠有財務交易的一層。

- 代理商:一般又稱為配銷商,是所有經銷商的配銷者。
- 直銷商:跟代理商一樣,直接跟原廠有財務交易,但直銷商是直接面對客戶。
- 直銷客戶:跟原廠有直接財務交易的使用者,一般以大型企業為主。

3. 經銷商

這是第三層,大部分的經銷商都會落在這個地帶,也就是跟代理商有直接交易,但與原廠算是間接關係的一層,一般又可分為四種類型:

- 門市：指的是一些3C通路、電子門市、超市量販及虛擬On-Line通路。
- 一般經銷商：指的是一般大眾經銷商，一般會專注在中小企業的經營。
- 加值經銷商：指的是有能力把原廠產品再加上自己解決方案或服務的經銷商，一般會專注在銷售大型企業的整合性需求。
- 系統整合商：指的是以經營公家機關為主的大型標案者，這類公司需要有很強的財務背景、服務能力及整合能力。

4. 使用者

　　就是終端用戶。以規模大小，可分為家用／個人、中小企業、大型企業及公家機關；以產業類別，可分為金融、證券、銀行、壽險、電信、製造、運輸、醫療、學校、軍方、公家……

四、Promotion（促銷）

　　在開始談促銷之前，我想先跟大家一起來定位幾個名詞，看大家是否搞得清楚，並找出其中的相互關係。

　　我在外商工作多年，到目前為止好像還沒有人能完整的說清楚以下四個名詞——企劃（Planning）、行銷（Marketing）、促銷（Promotion）、活動（Program）。

　　從次頁這張心智圖來看，一眼就可以看出：企劃是整個公司的經營策略，行銷是企劃的執行，促銷是執行的行銷4P元素之一，而所謂活動就是促銷組合中的優惠活動。

　　所以答案就是——

　　企劃（Planning）＞行銷（Marketing）＞促銷（Promotion）＞活動（Program）。

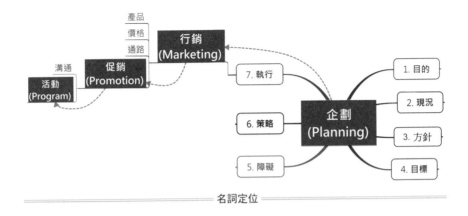

名詞定位

促銷（Sales Promotion）的主要目的是出清存貨、打擊或反制競爭者、誘導試用、刺激重複購買或拉攏游離顧客。

談促銷時，進入大腦的兩件事，就是活動設計及市場溝通：

1. 活動設計

我剛接產品經理的時候，從早到晚促銷活動不斷，亂作一通。身為一個行銷人員，務必牢記：即使只是作產品促銷，仍然有設計法則可以追尋。下表「促銷種類」是我多年的心得整理：

產品生命週期		導入期	成長期	成熟期	衰退期
促銷管理	廣告策略	認知	差異化	利益	形象
	活動側重	使用者	使用者/經銷商	經銷商	不需要
促銷活動 (使用者)	試用機	V			
	預購	V			
	競賽	V			
	抽獎	V			
	招待	V			
	舊換新	V			
	特惠價		V		
	折價券		V		
	分期付款		V		
	贈品(免費/加價)		V		
	進貨獎金		V		
	教育訓練		V		
促銷活動 (經銷商)	服務授權		V	V	
	商機合作		V	V	
	業務獎勵		V	V	

活動的設計應該跟產品生命週期有關，譬如有新產品上市時，不要因為競爭就急著自貶身價，應該致力於品牌或新產品的認知與推廣，同時也要看看自己品牌的定位，有些領導品牌並不適合拿來降價或直接搭贈品，除非是尾盤出清，或對手實在很瘋狂作促銷⋯⋯你可以想像買賓士車送筆電嗎？

一般活動分推式（經銷商）及拉式（使用者）兩種，或者是推拉並用。

使用者的活動，大致可分為三種：

1.贈品式	2.價格式	3.活動式
• 免費送	• 特惠價	• 試用機
• 加價購	• 折價券	• 預購
	• 分期付款	• 競賽
		• 抽獎
		• 招待
		• 舊換新

經銷商的活動，大致可分為五種：

1.獎金	2.訓練	3.授權	4.商機	5.業務
• 進貨就有	• 提升成交	• 銷售認證	• 電話諮詢	• 獎金
• 累積回饋		• 服務認證	• 展場集客	• 旅遊
• 達成獎勵			• 廣告合作	• 獎盃
			• 專案支援	

一個促銷活動的設計流程，有七個元素（5W2H）需要被考量：

❶ **背景（Why）**：簡要敘述促銷的背景及目的

❷ **目標（Who）**：目標客群及預估生意

❸ **活動（What）**：對象／產品／付款方式等相關活動內容

❹ **期間（When）**：活動開始與結束時間

❺ **溝通（Where）**：活動所要溝通的工具與範圍

❻ **執行（How）**：活動的執行Schedule及負責人

❼ **預算（How Much）**：整個活動的經費預算及ROI（投資報酬率＝成交金額／預算）

2. 溝通組合

如前所述，促銷最主要有兩大焦點：活動本身和溝通組合。溝通之前，要先確定好溝通訊息。

溝通訊息，是指要向目標客群（Target Audience，TA）傳遞的「訊息內容」，也稱為「溝通訴求」。行銷溝通訴求可區分為「感性訴求」與「理性訴求」兩種，「感性訴求」主要是說明產品如何能滿足客戶心理層面的價值觀與主要利益，目的在於引起顧客情感的共鳴；「理性訴求」則在強調產品的功能與特色，如何能解決客戶的問題。

當決定行銷溝通目標及溝通訴求之後，接下來就要決定溝通管道組合。一般有下表所列五個管道，含括各種市場溝通工具：

1.公關	2.數位	3.廣告	4.直效	5.人員
• 演講	• FB	• 平面廣告	• 型錄	• 電話行銷
• 記者會	• 部落格	• 電視廣告	• 郵件	• 當面銷售
• 研討會	• Twitter	• 網路廣告	• 傳真	• 商展推廣
• 社會公益	• Google		• 簡訊	• 電視購物
• 話題報導	• YouTube			
	• Line			
	• APP			

我在外商工作期間很習慣設計流程及表格，喜歡把複雜的事用簡單的方法表示。如下圖，把所有產品放在第一欄，然後把4P全部排開，這張表格包含了所有行銷組合4P元素，一目瞭然。

執行計劃 (4P)

產品線	Product 產品	Price 價格	Place 通路				Promotion 促銷					
			門市	一般	加值	系統	活動 (Program)	公關 (PR)	數位 (Digital)	廣告 (Ads)	直效 (DM)	人員 (Sales)
黑白雷射印表機	成熟	競爭	V	V	V	V	季節促銷		V		門市 DM	
彩色雷射印表機	成長	滲透		V	V	V	噴墨印表機回收計劃		V		門市 DM	
多功能事務機	成長	滲透	V	V			傳真機回收計劃		V	V	門市 DM	
數位複合機	導入	吸脂				V	試用計劃	V	V			V

本節所介紹的4P行銷組合在職場上常會用到，它可以說是一個企劃的小型縮影，次頁以一張心智圖彙總，方便讀者簡單回顧。

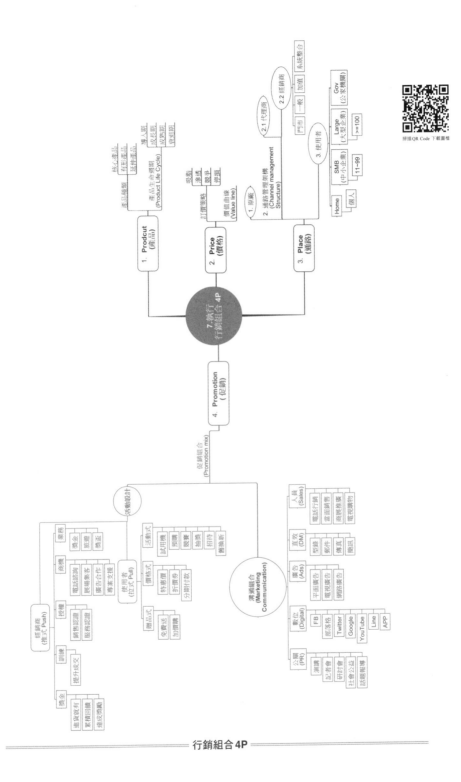

行銷組合4P

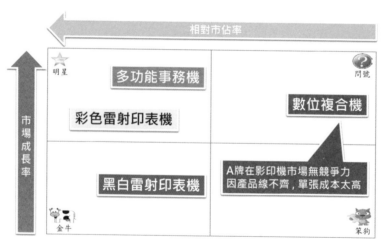

How - 體驗　企劃實務範例
A牌數位複合機成長企劃書

一、目的確認

1. 經營現況

　　A牌經營商用印表機市場已經有20年了，一直是處於全球領導地位，但近5年營業額卻逐年下滑，平均年下滑率為20% ～ 30%。經營如此辛苦，主要有三大原因：

❶ 文件輸出量逐年下降：平板及手機大幅成長，導致文件輸出（影印／列印）需求逐年下跌。

❷ 影印機攻擊：影印機廠商試圖用新式數位複合機（列印／影印／傳真／掃描）進攻及整合印表機列印市場。

❸ 競爭者攻擊：僧多粥少，B牌、C牌極力想瓜分A牌原印表機市場。

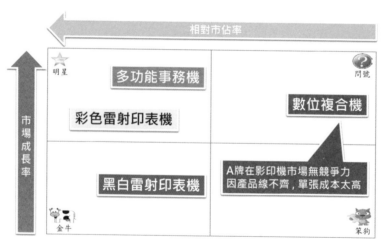

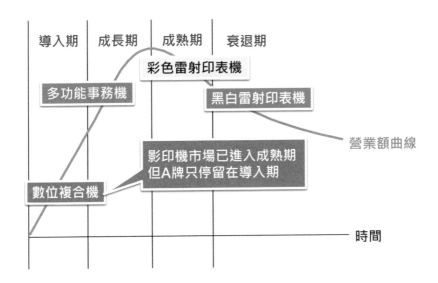

【現況】數位複合機市場規模20億／年,平均年成長率20%,市佔率5%,屬於問號象限,生命週期對A牌來說是導入期。(對影印機廠商是成熟期)

產品	外部規模 (市場)		內部營業額 (A牌)	
	市場規模 (億)	平均年成長率	營業額 (億)	市佔率
黑白雷射印表機	10.0	-20%	5.5	55%
彩色雷射印表機	3.5	-6%	2.0	57%
多功能事務機	7.0	7%	3.5	50%
數位複合機	20.0	20%	1.0	5%

成長關注焦點:數位複合機 ~ 市場大、成長快、市佔低

【關注】此產品線符合了幾個特性——市場大,成長快,市佔低。A牌應該把關注焦點放在數位複合機,並提出新的商業模式。

所以,整個企劃書就是以數位複合機成長為主。

2. 情報分析

❶ 客戶分析 - 大環境分析 PEST

P政治／法律情報

- 由於平板興起，有些公司規定開會須用平板代替紙張
- 公家機關簽核流程從文件傳遞改為數位傳送
- 企業及公家機關開始約束文件輸出預算（約逐年下降15%以上）

E經濟情報

- 景氣低迷，失業率飆高，薪資停滯
- 個人或機關消費預算縮減

S社會／人口情報

- 高齡化、少子化問題嚴重，2012年已達15.4%，屬高齡社會；預估2025年將達到20%，邁入超高齡社會。相反的，台灣生育率在2014年排世界第三低，由於國家競爭力疲軟，薪資已倒退到16年前的水準，人口減低，內需消費力自然下降，而文件輸出重要性又不比電腦軟硬體來得高，因此影印／列印市場會隨人口結構變動迅速萎縮

T技術情報

- 四大趨勢（雲端、行動、社群、大數據）成長加劇，所有IT相關軟硬體都必須貼著應變才能生存

❷ 產業分析 - 五力分析（產業現行遊戲規則／產業結構）

針對供應商：

- 上游零件供應商企圖抬高引擎等零組件價格
- 零組件庫存控制嚴謹，導致數位複合機常有缺貨狀況

現有競爭者：

- C牌主打單張價格戰，企圖收編整個影印市場
- B牌主打整合列印市場，並且試圖收編A牌的通路，給予更高毛利

潛在進入者：

- K牌試圖用更低價進攻台灣中小企業低階影印市場

替代品威脅：

- 目前影印機／印表機最大替代品就是平板，而台灣的平板非常普及，所以文件輸出市場逐年下降

購買者議價力：

- 因列印市場的衰退，眾家爭食，導致購買者議價能力變強

❸ 消費者分析

目標客群基本資料：

- 數位複合機的目標客群就是一般民營企業

目標客群想完成的工作及面臨的問題：

- 節省列印輸出費用（Down Cost）
- 管控不當輸出（Print Control）
- 整合列印、影印及傳真等文件輸出（Integration）
- 列印行動化（Mobility）
- 列印雲端化（Cloud）
- 隨印付費（Print on demand）
- 大型企業調查
    1. 平均每個員工花費150小時／年尋找沒有正確歸類的文件
    2. 多數的公司都可以有效減少他們的列印成本10～30%
    3. 企業每年花費約1～3%的營收在輸出設備相關事務管理
    4. 文件檔案的相關支出，每年約佔企業營收的5%

5. 23%的 IT 支援服務需求都是跟印表機有關

6. 平均同一份文件會被員工輸出 19 次

7. 一個員工平均 20 份文件就會遺失 1 份

❹ 競爭者分析

A牌主要策略方向

持續經營品牌：

- 雖然A牌不是影印機領導品牌，但可由印表機領導品牌來定位為文件輸出領導品牌

鎖定新市場（影印市場）：

- 整個列印市場已在下滑，且競爭很激烈
- 整個影印輸出市場夠大，仍在持續成長，是目前A牌還沒去經營的藍海

設計新概念：

- From Box to Service為企業提供新服務：A牌MPS（Managed Printing Service）管理輸出服務；A牌CPS（Cloud Printing Service）雲端輸出服務

設計新商業模式：

- 找尋新合作夥伴（CPS/MPS網站服務開發夥伴）
- 找尋新通路（OA辦公室自動化通路）
- 進攻新市場（影印機市場）

B牌主要策略方向

持續經營影印機第一品牌

鎖定新市場（A牌列印市場）：

- 跟A牌逆著打，A牌從列印打影印，B牌從影印打列印
- 企圖收編A牌既有列印通路

關注在數位文件管理的創新

開始尋找列印解決方案夥伴

開始內部訓練，企圖從傳統單張計算轉型為解決方案模式

C牌主要策略方向

單張低價策略（每張黑白低於3毛，平均市場是單張5毛）

大量使用射出匣或填充碳粉

給予通路夥伴高毛利

給予通路夥伴維修及零件回饋

進攻B牌主要金融客戶（中國信託、南山保險、國泰人壽、富邦集團……）

3. 企劃概念

❶ **核心概念**：文件管理，精省無比；遨遊雲際，隨處可及

❷ **關鍵訊息**：「A牌商用輸出服務」針對使用者的整合、雲端、行動需求，成立A牌雲端輸出服務中心及A牌管理輸出服務中心，以提供使用者最佳的文件管理服務

4. 商業模式

❶ **目標客群**：民營企業

❷ **提案**：文件管理，精省無比；遨遊雲際，隨處可及（因客戶要雲端、要行動、要管理，但要節省成本）

❸ **顧客關係**：A牌CRM可發出A牌相關雲端新產品訊息及活動

❹ **通路**：新OA通路（為了切入OA影印機市場）

❺ **營收來源**：硬體→數位複合機營業額；服務→CPS雲端輸出服務營業額、MPS管理輸出服務營業額

❻ **關鍵資源**：A牌品牌／相關軟硬體／行銷資源／人力資源

❼ **關鍵活動**：硬體設計／新產品發表／OA招商大會；主要企

業客戶研討會

❽ 關鍵合作夥伴：Managed Printing Service（MPS）解決方案 Partner；Cloud Printing Service（CPS）解決方案 Partner

❾ 成本結構：製造成本、行銷成本、銷售成本、CPS/MPS解決方案開發成本、相關運作成本

二、現況分析 -SWOT

1. 外部

❶ 機會情報

- 移動列印需求大增
- 雲端列印需求大增
- 傳統文件處理轉為數位管理
- 印表機／影印機將進入整合管理時代

❷ 威脅情報

- 市場不景氣
- 企業預算刪減
- 平板／手機需求大增，列印需求下滑

2. 內部

❶ 優勢情報

- 全系列產品內建雲端及管理功能
- 管理輸出服務中心（MPS）
- 雲端輸出服務中心（CPS）

❷ 劣勢情報

- 數位操作介面不被接受，硬體價格較高
- 耗材單張成本較高

三、方針擬定

1. 策略議題

❶ SO（增長型策略）

- 主推MPS（管理輸出服務）＋CPS（雲端輸出服務）
- 整合現有印表機的主要企業客戶

❷ ST（教育型策略）

- 教育市場，管理＋雲端，就是為了更省錢

❸ WO（扭轉型策略）

- 扭轉客戶成本概念 by TCO（總體成本）
- 扭轉客戶「數位介面不好用」的錯誤刻板印象

❹ WT（保守型策略）

- 列印量不高的客戶，鼓勵使用低階A4，以買代租更精省

2. 政策方針

❶ 目標市場：民營企業

❷ 策略定位：From Box → Service

❸ 價值提案：文件管理，精省無比；遨遊雲際，隨處可及

❹ 優勢資源：文件輸出領導品牌、服務口碑佳、開發系統MPS/CPS

❺ 防模仿機制：用領導品牌優勢跟解決方案partner，簽立獨家合作協定

❻ 風險預防：生產高速複合機

四、目標設定

1. 方向目標

❶ MPS：30家大型企業接受MPS評估（On-Site Survey）

❷ CPS：1,000台數位複合機註冊入系統

2. 階段目標

❶ 3年後數位複合機市佔率從5%→52%

❷ 3年後數位複合機營業額從1億→18億

五、障礙因應

1. 客戶習慣

【問題】客戶使用習慣轉移不易

【原因】使用者習慣傳統類比介面已幾十年

【對策】說服以傳統手機跟智慧手機比較，習慣轉變不是問題，提供CPS和MPS價值

2. 成本

【問題】單張成本無法競爭

【原因】碳粉匣成本太高

【對策】不談價格，只談價值

3. 通路

【問題】沒有OA通路

【原因】過去沒在影印機領域活動

【對策】開始招募OA通路

4. 產品

【問題】產品線不夠齊全

【原因】C牌不願意給A牌OEM

【對策】Push總部尋找其它廠牌OEM

六、策略規劃-STP市場定位

1. 區隔市場與選擇目標

❶ **主力**：30家，貢獻＞500萬／年

❷ **2000大**：台灣TOP2000，金融／製造／服務

❸ **中小企業**：台灣登記有案約有50萬家

2. 找到定位

❶ **主力／2000大**：文件管理、精省無比、遨遊雲際、隨處可及

❷ **中小企業**：精省無比、印小失大、租不如買

七、執行計劃

1. 產品戰術（Product）

❶ **核心產品**

- 管理、精省、雲端、行動

❷ **有形產品**

- A4數位複合機：中小企業（＜5包紙）
- A3數位複合機：大型企業（＞5包紙）

❸ **延伸產品**

- 雲端輸出服務（CPS）Cloud Pritning Service
- 管理輸出服務（MPS）Managed Printing Service

2. 訂價戰術（Price）

❶ **吸脂**

- 產品：A3數位複合機，友商中高階複合機價格偏高，故價格可跟著訂高
- 目的：取代中高階影印市場（＞5包紙／月），選擇大型企業為主

❷ **滲透**

- 產品：A4數位複合機

- 目的：取代低階影印市場（＜5包紙／月），快速成長，提高市佔率

3. 通路戰術（Place）

❶ OA影印機通路：鎖定100家（分行業／分區域）

4. 促銷戰術（Promotion）

❶ A4複合機：以買代租／3年免費服務／3年交換機保固

❷ A3複合機：免費健診，提供MPS建議書

❸ 溝通：A牌CRM ／A牌官網／ FB廣告／促銷DM

Chapter. 3

銷售力

致勝銷售流程

| WSP |

銷售力是職場生存的基礎核心競爭力，
學會 WSP 銷售流程，懂得思考「能不
能贏，值不值得贏，知道怎麼贏」，是
銷售人員的第一課！

銷售力是職場生存的基礎核心競爭力，職場上的銷售人員遠比行銷人員還要多，所以銷售人員在職場上所面臨的競爭，相對要比行銷人員來得多且更為直接。

我看過很多的銷售課程，究其內容，大部分以強調「正面態度」及「應對技巧」為主，同時亦不斷強調銷售人員的必勝決心，還有要如何殷勤善待客戶……

因此，大家對銷售人員的印象，普遍停留在「很正面，很會推銷，很會做人」的層次，認為只要能夠做好以上項目，就算是個優秀的銷售人員。

還記得剛成為職場新鮮人時，我的第一份工作就是銷售專員，或許因為家裡經營雜貨店的關係，從小就耳濡目染，所以我把銷售當成是販賣一般，每當有客戶詢問規格，就急著跟對方報價，然後秤斤論兩的攀談交情，最後結果卻大多無疾而終，或是不知所以的失去訂單。

之後我進入IBM、HP工作，在這種大型國際企業仍然靠著本能反應在做事，自己也沒覺察有什麼不對……後來有個偶然的機會，去香港參加一個策略性銷售課程，卻從此讓我對銷售的看法完全改觀，做法也徹底改變。

當一個銷售個案進來，我會先分析客戶背景、專案需求、比較競爭對手後，再看看自己公司特長及資源是否能滿足客戶，等到整個都分析完，如果評估沒有很大勝算，我便會將所有的銷售動作暫緩，回到原點，靜下來重新分析狀況，再決定該以什麼樣的策略提高勝算，才會繼續往前邁進。

像這種把時間放在「能不能贏，值不值得贏，知道怎麼贏」的思考，是一種機會成本的概念展現，也是銷售人員的第一課。

由於力行銷售課程所學，使我的銷售能力因此顯著提升，除了成為專案銷售的常勝軍之外，自己的商業素質也從之前的「本能反應」轉變為「策略主導」，而這對在外商工作17年的我，產生極大的助益。

　　為了要保有一貫的思考品質，以及維持有效的內外溝通與傳承，在後來擔任主管期間，我試著把整個銷售過程寫成一個簡易的流程，希望能幫助屬下及經銷商，在面對一個銷售專案時，能迅速分析及實行，並進而取勝。我把這整個銷售流程模組取名為**WSP**（**Winning Selling Process**）致勝銷售流程。

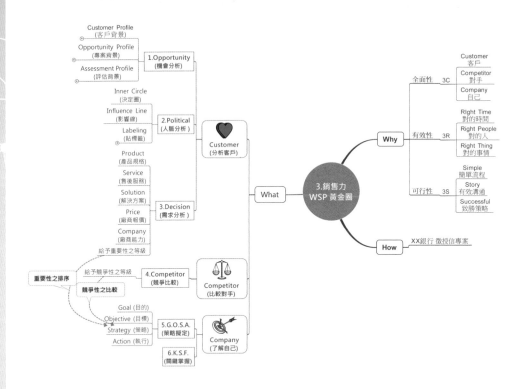

Why（動機）

使用 WSP 致勝銷售流程會帶來以下三大特性及優點。

1. 全面性（3C）

WSP 流程是從分析客戶（Customer）、比較對手（Competitor）、了解自己（Company）三大面向，作出全面性考量的銷售計劃。

試想，如果你根本不了解客戶背景──客戶為何啟動這項採購專案？專案預算多少？誰是決策者？客戶需求是什麼？專案時程如何鋪排？目前狀況如何？……又怎麼有辦法向客戶提建議書？

就算完整分析出客戶狀況，如果不了解競爭對手，也可能會做出「幫人抬轎」的事情；而即使你已經十分了解客戶及對手，若是

不了解自己，或無法根據公司資源提出有效的回應策略及做法，專案也不一定會贏。所以要全面從3C（**Customer客戶**、**Competitor對手**、**Company自己**）來考量，才能讓自己立於不敗之地，漂亮成功出擊，而WSP便是一個全面性考量的高效工具。

2. 有效性（3R）

在愛情世界裡，在對的時間，遇見對的人，是一生幸福；在對的時間，遇見錯的人，是一場傷心；在錯的時間，遇見錯的人，是一段荒唐；在錯的時間，遇見對的人，是一陣嘆息。

而在職場上想贏，得有3R，除了要對的時間（**Right Time**）、找到對的人（**Right People**），還要做對的事情（**Right Thing**），只有這樣，才能將資源有效性發揮到最大。

過去我曾到一個軍方單位接洽電腦採購專案，初來乍到，搞不清楚狀況，拚命向一位李中校示好，還熱心告訴他很多有關這項專案的訊息，事後才知道專案關鍵人物是位張中校，而偏偏李張不合，為了升官爭得你死我活……連客戶的政治關係我都沒掌握好就輕易出手，如此膚淺無知，結果當然是失敗收場。

3. 可行性（3S）

WSP也具備相當的可行性，包含：**簡單流程（Simple）、有效溝通（Story）、致勝策略（Successful）**。

因為WSP以簡單流程模組出發，在對內外溝通時，以故事陳述較為有效；而在實際執行時，由於簡單有效、內外觀點一致，策略也易於形成共識，結果自然容易致勝成功，總體可行性大大提高。

以前我曾經對我的老闆問過這樣的話：「老闆，它牌印表機報價800萬，我們目前報價是1,300萬，請問要不要拚？」而老闆聽完後，不僅對我搖頭，還顯得面有難色。

學了WSP之後，我終於知道老闆那時為什麼搖頭。後來我跟老闆的對話變成這樣：「老闆，客戶年底要建立銀行徵授信系統，印表機也要汰舊換新，總共需要A3黑白500台，預算約1,000萬，它牌用低價策略報價800萬，我打算說服客戶植入網管系統，降低總持有成本，目前我已經掌握專案負責人陳科長，只要給我一個專屬工程師及測試機，我預計年底可以1,000萬贏下這案子，並完成交機驗收！」

這段話裡面包含了客戶預算、關鍵人物、客戶需求、專案時程、競爭對手、目前情況、回應策略、支援請求，自然贏得老闆的激賞與支持。日後我成為主管之後，每次只要有員工來跟我談事情，我也總是要求他們先作WSP流程，唯有如此，溝通才會有效，專案也才會成功。

What（理解）

WSP致勝銷售流程的架構，大體來說涵蓋三大面向（客戶、對手、自己）和六大流程（機會分析、人脈分析、需求分析、競爭比較、策略擬定、關鍵掌握）。整個專案銷售是在你（客戶）、我（自己）、他（對手）的三角關係中運作，所以由這個三角關係來切入思考，並演化展開為六大流程，就已取得完整的思考架構，細節部分在後續章節會進一步解說。

How（體驗）

開始用WSP流程後，我馬上贏了一個XX銀行的案子，這個案子贏得很漂亮，就拿來當範例跟大家分享。

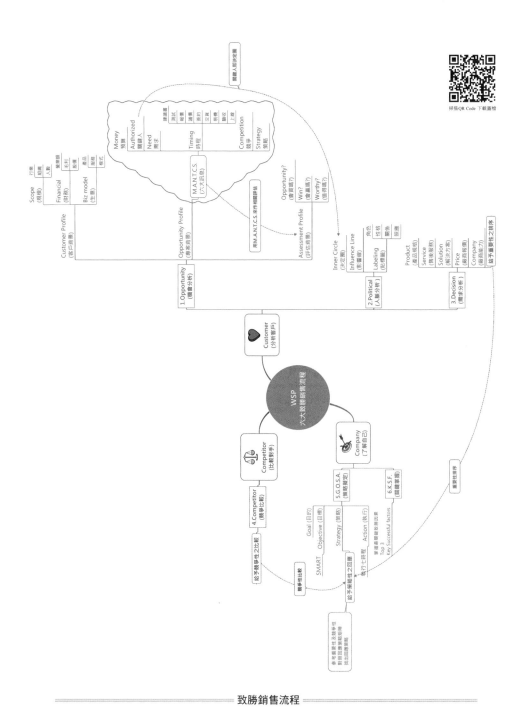

致勝銷售流程

機會分析（Opportunity）

　　了解客戶永遠是銷售過程中的思考起點。道理很簡單，學問卻很大，很多銷售人員做了一輩子的業務，仍以為只要知道客戶想買什麼東西，就等於是知道了買賣，這在企業專案銷售中，是個很危險的習慣。

　　充分分析專案機會及客戶背景，有助於銷售人員對專案迅速了解及定位，在作競爭比較時也有個基礎錨點，並且有利於後續展開回應策略及鋪排執行計劃。

　　一般的專案機會分析，可從三個背景來進行：

一、客戶背景

　　以客戶的營業基本資訊為主，就是該公司規模／財務／生意。這些客戶背景可透過官網、口頭詢問或自己公司的相關客戶資料庫等多方管道去了解。

1. 規模

- 行業：客戶所屬行業別，常見的行業有銀行／證券／保險／製造／電信／運輸／醫療／公家／學校／軍方……
- 組織：即客戶公司及分公司的組織結構，以及組織階層的上下報告關係
- 人數：客戶公司員工人數

2. 財務

- 營業額：客戶公司一整年的營業收入

- 毛利：客戶公司的盈虧（即營業額減去成本）
- 股價：客戶公司的上市櫃公開發行股價

3. 生意

- 產品：客戶公司的主要銷售產品
- 服務：客戶公司的主要服務項目
- 模式：客戶公司的核心活動、合作夥伴、產品定位，以及如何將價值傳遞給使用者的商業邏輯與經營模式

二、專案背景

M.A.N.T.C.S.是非常重要的專案簡述縮寫。銷售工作非常注重這主要訊息的傳遞與接收，如果一個銷售人員，無法在第一時間很順暢的說出這六項訊息，代表他對專案沒有掌握，提出策略當然也會有較高的風險。

必須注意的是，這只是初期訊息，在後續流程進行時，會再回頭逐步完善這些關鍵訊息。

M（Money）：此專案所編列的預算。

A（Authorized）：專案的主要關鍵人，也就是所謂的決定圈。

N（Need）：專案的需求，一般指的是產品／服務／解決方案／價格／公司能力……等等。

T（Timing）：專案的相關時程，例如建議書、測試、報價、議價、簽約、交貨、裝機、驗收、上線的時程，如此才能把對的事情放在對的時間上運作。

C（Competition）：主要的競爭對手及相關動作，一般至少要提出前兩個來作比較。

S（Strategy）：針對前五項所提出的因應策略。

三、評估背景

商場上的決定，本身就是一種投資，既是投資，就得講求投報率，所以**在作一個專案之前，必須不停的反問自己三個問題：這專案真的會買嗎？會贏嗎？贏下這專案值得嗎？**要試著站在一個經營者立場反覆思考、回顧，而不是莽撞的一直往前衝，才會幫公司保持最佳的戰力。

1. 機會（會買嗎？）

到底是不是個真案子？還是只是客戶在請廠商作功課？有何支持證明客戶非買不可的理由？例如：根據國家規定，該銀行必須在何時之前完成XX系統，以配合政府的相關規定⋯⋯等等。

2. 競爭（會贏嗎？）

這只是WSP第一個流程，只作初步判斷，後續流程會有更深入的比較與分析。銷售人員在專案開始時就要從M.A.N.T.C.S.簡單判讀出公司有無機會勝出，專案一開始也許不用很仔細，但必須抓出一些關鍵訊息。

3. 報酬（值得嗎？）

我在外商工作時，常看到很多銷售人員一往無前的拚命衝殺，最後雖然是贏了案子，但賠錢不說，還答應很多自己公司無法作到的服務或解決方案，弄到可能遭罰款或專案無法驗收，為公司帶來巨大損失並賠掉商譽⋯⋯這樣的狀況，比輸了案子還慘。

所以，一個合格的專業銷售人員必須先了解，公司贏了這專案會不會在將來發生潛在風險（譬如收不到付款、專案無法驗收⋯⋯等等），也要看看有無短中長期的附加商業價值（譬如能帶來多少營業額、毛利或建立該行業之灘頭堡，具有什麼樣的戰略價值，後續能引進多少商機⋯⋯），如此才可讓公司的投資最佳化。

人脈分析（Political）

　　知道了客戶的「事」，接下來就是要知道客戶的「人」。人是決定專案成敗最重要因素，對人的管理，除了關係建立之外，還需要管理資訊的發送與接收、留神客戶彼此之間的政治關係。

　　所有的事都是由人在控制，因此充分了解客戶組織並施以最佳的管理，是整個專案成敗的重大關鍵。

　　作人脈分析要分成三步驟：

一、找出決定圈

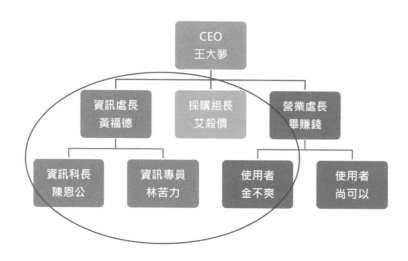

　　先把該公司的組織圖畫出來（如上圖，為一般公司常用的樹狀組織架構），並把對此專案有影響力的人圈起來，這個圈子就是所謂的決定圈（Inner Circle）。一般決定圈會是與你接洽的對口，還會

有他／她的主管、相關採購和該專案之末端使用者，譬如這張圖圈出來的決定圈，包含第一位和你接洽的資訊專員林苦力、同部門的資訊科長及主管資訊處長，還有採購組長和主要使用者，全都是這個專案的決定圈。

二、畫出影響線

把決定圈的人彼此的影響線畫出來。由箭頭方向，可看出是誰能影響誰，如此才知道如何管理主從的訊息流向，判讀出誰才是真正的關鍵人物。

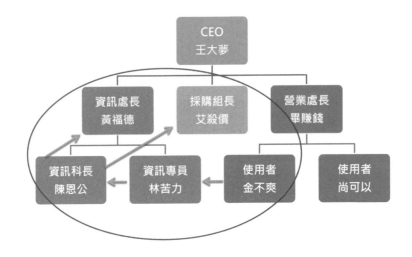

三、辨識貼標籤

對每一個決定圈的人，根據其角色（Role）、性格（Adaptability）、跟自己的關係（Status）作一個釐清，然後給予最佳照應（Coverage），這個動作叫做貼標籤。如次頁圖，每個人身上都有四個標籤，這樣才能「因人施教」。

決定圈 People	角色 Role	性格 Adaptability	關係 Status	照應 Coverage
黃福德	A	5	=	3
陳恩公	D	4	+	5
林苦力	E	3	*	4
艾殺價	B	3	=	2
金不爽	U	2	=	3

關於便利貼的解釋如下：

角色 Role	性格 Adaptability	關係 Status	照應 Coverage
•U：User （使用單位） （可能是營業部） •E：Evaluator （評估此案者） （可能是部門專員） •D：Decision （決定此案者） （可能是部門主管） •A：Approver （批准此案者） （可能是單位主管） •B：Buyer （採購此案者）	•1 Laggard （落後者） （不知改變） •2 Conservatives （保守者） （不愛改變） •3 Pragmatists （實際者） （安全至上） •4 Visionaries （願景者） （具長遠眼光） •5 Innovator （創新者） （改變就是力量）	•X Enemy （敵人） （撫平 Neutralize） •- Non Supporter （非支持者） （撫平 Neutralize） •= Neutral （中立者） （鼓勵 Motivate） •+ Supporter （支持者） （槓桿 Leverage） •* Mentor （指導者） （顧問 Coach）	•1 (不用理會) •2 (點到即可) •3 (保持連繫) •4 (用心照顧) •5 (隨伺在側)

需求分析（Decision）

　　知客戶的「事」，再知客戶的「人」，接下來就是要知客戶的「心」。要知道客戶的心到底在想什麼，也就是要知道客戶真正的專案需求，通常以產品／服務／解決方案／價格／廠商能力為主。

　　在此順帶一提，有時作生意要探索客戶需求背後真正的需求，不要聽他講了什麼，而是要聽他沒講什麼，注意他的弦外之音，一般可參考馬思洛（Maslow）五大需求——生理、安全、社會、尊重、自我實現，由下而上逐一檢視。譬如做完這個專案，他有可能是想升官，可能是要發財，想要受到公司老闆的重視，或有任何公司政治考量……等等。

　　以下的客戶需求分析，是以客觀上可以被探索的部分為主。無法量化的潛在需求，或說是需求背後的真正需求，一般高段銷售人員都會在此處多下些功夫，以收出奇制勝之效，讀者須自行摸索，細細體會。

　　由於我多年來都在資訊業服務，所舉的案例和使用的相關語言會比較偏向資訊業，讀者可用自己投入的產業來製定，我想應該不會差太多。

　　客戶需求分析三步驟如下：

一、列出客戶需求放在直軸

　　繪製表格，將客戶需求列出，放在直軸。另有其它非屬於表中所列五大需求，可再依客戶的需求列入。

1. **產品規格（Product）**：硬體或軟體的基本規格需求。

2. **售後服務（Service）**：硬體保固、服務等級、反應時間、停機時間。

3. **解決方案（Solution）**：廠商提供客戶之相關行業解決方案。

4. **廠商報價（Price）**：針對以上三項之總體報價。

5. **廠商能力（Company）**：針對廠商相關條件之限制及要求，例如信譽、財務、規模、技術、經驗……等等。

二、列出決定圈名單放在橫軸

把決定圈的名單放在橫軸，等著給需求評分（1 ～ 5分）。

三、對需求作評分，排列出重要性

針對每個決定圈的人物進行訪談及了解，並對每項需求給予評分（1 ～ 5分），再針對每項需求算出平均值（Ave），填入欄位，最後根據平均值排出每個需求的重要性（H高＞3，M中＝3，L低＜3）。

客戶需求 ＼ 決定圈	黃福德 (A)	陳恩公 (D)	林苦力 (E)	艾殺價 (B)	金不爽 (U)	平均 (Ave)	重要性 H (>3) M (=3) L (<3)
產品規格 (Product) 指軟硬體之基本規格	3	5	2	3	3	3.2	H
售後服務 (Service) 硬體保固、服務等級、反應時間、停機時間	3	3	3	2	4	3	M
解決方案 (Solution) 整合、應用、解決問題	3	3	3	2	2	2.6	L
廠商報價 (Price) 含以上所有軟硬體、售後服務、解決方案價格	4	2	3	5	3	3.4	H
廠商能力 (Company) 信譽、財務、規模、技術、經驗	3	3	3	2	2	2.6	L

【決定圈人物角色代號】

- U：User（使用單位，可能是營業部）
- E：Evaluator（評估此案者，可能是部門專員）
- D：Decision（決定此案者，可能是部門主管）
- A：Approver（批准此案者，可能是單位主管）
- B：Buyer（採購此案者）

※分數1～5（5分最高），須經過討論及詢問或觀察得知。

競爭比較（Competitor）

知道了客戶需求之後，為何需要跟競爭對手作比較？

我舉一個簡單的例子，大學時有位同學為情所困，找我訴苦，一問之下，終於知道他為何失戀。他愛慕的女子是個喜歡陽光的女孩，而同學自己是中文系的，自認為浪漫是最佳的進攻方式，常對她吟詩寫歌，詠風頌月，還帶她去山上看夕陽，浪漫無限。後來冒出一個體育系的競爭者，常帶那女孩去騎車爬山、上健身房，我同學看狀況不對，也開始帶她去健身騎車、跑步……但女孩沒多久還是移情別戀了。

答案很簡單——我同學「幫人抬轎」。

如果健美陽光是女方（客戶）需求，陽光男孩（對手）就已取得初步優勢，而你（公司）不好好發揮自己所長，竟然迎合客戶需求，無異幫對手背書，結果不輸也難。最佳策略應該是告訴這位女生（客戶），浪漫與疼惜（自己專長）才是終身保障（改變需求），試圖扭轉女方的需求（教育客戶），然後設法揚長避短，將她引到自己的球場來（回應策略），才能擊敗體育系同學（對手），取得勝出機會（贏下專案）。

管理專案銷售也是一樣的道理，當知道客戶需求之後，就得如實的把自己跟對手放在天平兩端秤個高低，評選出相對競爭性。注意這「相對」二字，有些項目，儘管自己不夠好，但只要對手相對的差，此項目對自己也是一種優勢。

WSP第四流程「競爭比較」，其實是第三流程「需求分析」的延伸，就是把需求分析依重要性排列之後，再把自己和對手根據客戶需求逐一比較，所以流程三步驟與需求分析類似。

一、列出客戶需求

將客戶需求列出，放在直軸（如下表）。另有其它非屬於表中所列五大需求，可再依客戶的需求列入。

二、把自己及主要競爭對手放在橫軸

把自己和競爭對手，放在橫軸，等著比較評分（1～5分）。

三、開始評分，列出競爭性

針對自己與競爭者，對於每項客戶需求，客觀的就相對競爭強度給予評分（1～5分），再針對每項客戶需求計算平均值（Ave），並根據平均值標出自己跟對手的相對競爭性比較（H高＞Ave，M中＝Ave，L低＜Ave）。※分數1～5（5分最高）；比較是相對性，非絕對性。

客戶需求　　　　　競爭對手	自己	他牌 1	他牌 2	平均 (Ave)	競爭性 H (>Ave) M (=Ave) L (<Ave)
產品規格 (Product) 指軟硬體之基本規格	3	3	3	3	M
售後服務 (Service) 硬體保固、服務等級、反應時間、停機時間	4	3	3	3.3	H
解決方案 (Solution) 整合、應用、解決問題	5	3	2	3.3	H
廠商報價 (Price) 含以上所有軟體、售後服務、解決方案價格	2	4	3	3	L
廠商能力 (Company) 信譽、財務、規模、技術、經驗	4	4	3	3.7	H

策略擬定（G.O.S.A.）

G.O.S.A. 的思考是一項很實用的思考架構，除了運用在銷售之外，亦可應用在策略規劃上，幫助自己從長遠的願景開始定位，一直到底層的執行鋪排為止。

在 WSP 六大流程當中，進行到這個流程，已分析完客戶、比較過競爭對手，接下來就是根據前面四個流程的結果，回到自己，開始鋪排公司的回應策略及執行計劃。

同時，必須重新再檢視公司目的（**Goal** 長期方向）及此專案目標（**Objective** 短期績效），然後根據前述之需求重要性、相對競爭性，參考以下策略矩陣，找出最適合公司的回應策略（**Strategy** 戰略定位），隨後展開計劃執行（**Action** 戰術方法）。

特別要注意的是：目的產生目標，目標產生策略，策略產生執行；相反的，執行支持策略，策略支持目標，目標支持目的。這是一個完整的階層邏輯架構。

Goal (目的)	Objective (目標)	Strategy (策略)	Action (執行)
• Where will we go • 長期方向	• What will be done • 短期績效 • SMART法則 　Specific (明確性) 　Measureable (衡量性) 　Achievable (實現性) 　Relevant (相關性) 　Time (時限性)	• How should we do • 戰略定位 • 因應策略 　Frontal (正面攻擊) 　Educate (喚醒沉睡) 　Change (轉變規則) 　Divert (轉移淡化) 　Ignore (忽略不管)	• What will we do • 戰術方法 • 執行七時程

一、Goal（目的）

Where will we go（我們要走向何方？）

目的是種長期方向，也可說是一種願景，能激勵員工往理想前進，同時有益於往下確定公司目標。企業的目的，也是企業的終極目標，通常以獲取利潤及實現社會責任為主。

二、Objective（目標）

What will be done（我們要完成什麼？）

目標是種短期績效，企業目標是企業目的的具體化，是企業存續所要完成的具體任務，而WSP中所提銷售專案目標則是企業目標的子目標，必須具備以下SMART法則：

Specific（明確性）：專案目標須有十分明確要達成的標的。

Measureable（衡量性）：專案目標就是績效指標，指的是可被數字量化、被驗證的數據。

Achievable（實現性）：績效指標在付出努力的情況下是可實現的，並且要避免設立過高或過低的目標。

Relevant（相關性）：指實現此專案目標與其他公司目標的連帶關聯，如此可觀察出此專案的擴大效益。

Time（時限性）：指完成績效指標的特定期限。

三、Strategy（策略）

How should we do（我們應該如何做？）

策略大師麥可‧波特（Michael Porter）給策略下的定義：策略就是「做選擇」，並且根據自己所擁有的資源及所處的狀況，設計出一套致勝策略，創造出競爭對手不可置換的地位。

這裡有個觀念非常重要，還記得第三流程需求分析延伸出第四流程競爭對手比較嗎？第五流程就是兩個流程真正要導出結果的流程，同樣也有三個步驟要進行：

1. 列出客戶需求放在直軸

跟需求分析一樣，把客戶需求放在直軸（如下表）。另有其它非屬於以下所列五大需求，可再依客戶的需求列入。

2. 把重要性及競爭性放在橫軸

把客戶需求的重要性及比較競爭對手的競爭性，放在橫軸。

3. 參照回應策略矩陣，找出回應策略

❶ **正面攻擊：重要性（M，H），競爭性（H）**

【情況】客戶在乎的需求，自己的強度是競爭對手的3倍。

【做法】在自己的強處提供可衡量的評分或以實例強化（如客戶滿意的證明）。

❷ **喚醒沉睡：重要性（L），競爭性（H）**

【情況】客戶不在乎的需求，但卻是自己的最大優勢。

【做法】針對自己的強處技巧性建立起客戶痛感和獲益，或引用其他客戶的經歷來強化，嘗試找出其他決策者，讓他們認為這項價值標準更重要，進而影響他人。

❸ **轉變規則：重要性（L，M，H），競爭性（M）**

【情況】不管客戶在不在乎的需求，自己與競爭對手強度是1比1。

【做法】針對自己的強處，技巧性建立起客戶痛感和獲益，引用其他客戶的經歷來強化，在自己的強處提供可衡量的評分，試圖轉變評選規則到自己的球場（Change A to A+1 or B）。

❹ **轉移淡化：重要性（M，H），競爭性（L）**

【情況】客戶在乎的需求，但自己優勢卻小於競爭對手。

【做法】此區間一般會發生在價格需求，要轉移焦點到自己優勢的項目，降低此區間相對重要性，或盡量改善自己相對表現，試著看看能否與對手共存，從競爭轉為合作，一起瓜分此專案，共享利益。

❺ **忽略不管：重要性（L），競爭性（L）**

【情況】客戶不在乎的需求，而自己優勢也小於競爭對手。

【做法】既然客戶不在乎，自己也弱，就不要再管它了。

客戶需求	重要性	競爭性	策略性
售後服務 (Service)	M	H	1.正面攻擊
解決方案 (Solution)	L	H	2.喚醒沉睡
廠商能力 (Company)	L	H	2.喚醒沉睡
產品規格 (Product)	H	M	3.轉變規則
廠商報價 (Price)	H	L	4.轉移淡化

▶回應策略矩陣

四、Action（執行）

What will we do（我們必須做些什麼？）

戰略是一種定位、方向，戰術是一種執行、方法，在談執行計劃的時候，可參考執行七時程，這樣就不會有所遺漏。當然也不一定要完全由1到7。在執行過程中，要特別記住所有執行動作要與之前決定好的策略連結。

1	2	3	4	5	6	7
• Understand Customer	• Verify Opportunity	• Qualify Opportunity	• Develop Opportunity	• Propose Solution	• Nego & Close	• Deploy Service
• **了解客戶**	• **辨識機會**	• **確認機會**	• **發展機會**	• **提供建議**	• **議價及簽約**	• **履行合約**
• 現況 • 問題 • 需求	• 客戶非買不可的理由	• M.A.N.T.C.S. 　M 預算 　A 關鍵人 　N 需求 　T 時程 　C 競爭 　S 策略	• RFP 　Request for 　Proposal 　要求建議書 • POC 　Point of 　Concept 　解決方案 　模擬測試	• 提供完整建議書 • 報價	• 合約內含 　成交價格 　服務條款 　相關時程 　驗收標準	安裝 訓練 驗收 上線

執行七時程與WSP六大流程有些相對應之處。WSP是整個銷售策略的邏輯思考，而執行七時程則是整個專案行事曆。

關於執行七時程，簡述如下：

1. **了解客戶**：等同WSP第一流程的客戶背景分析。執行計劃一開始便是要了解客戶現況，以及客戶目前所面臨的問題、有何需求需要被滿足。

2. **辨識機會**：等同WSP第一流程的評估背景分析，要多方去辨識此專案非買不可的理由與急迫性。

3. **確認機會**：等同是WSP第一流程的專案背景分析，主要是需求探查及確認M.A.N.T.C.S.。

4. 發展機會：這個時程大概發生在擬定完回應策略及執行計劃之後。一般會有兩個事件要發生：

❶ RFP（Request for Proposal）客戶對廠商提出「要求建議書」。

❷ POC（Point of Concept）廠商針對客戶的需求提供解決方案及模擬測試。

5. 提供建議：當經過RFP及POC之後，廠商便須開始提供專案的完整建議書（含廠商報價）。

6. 議價及簽約：客戶對廠商進入議價程序，一般客戶會有擇廉及擇優兩種。

❶ 擇廉：只要規格符合標準，客戶便以最低價來選取供應商，一般公家機關採用擇廉方式。

❷ 擇優：除了要符合規格標準之外，客戶會制定評分標準，以總分最高者擇優選取，一般私人企業採用擇優方式。

7. 履行合約：拿到客戶合約後，廠商就得根據合約內容開始執行履約工作，並於時間內完成驗收及付款。

實際執行計劃須含人事時地物及負責人，以表格呈現如下：

執行計劃 (事)	客戶 (人)	時	地	目標 (物)	負責人
1.了解客戶 (初步拜訪)	林苦力 陳恩公	01/05	XX銀行	了解狀況 認識客戶	Joy
2.辨識機會 (客戶需求訪談)	林苦力 陳恩公	01/15	XX銀行	了解需求	Joy
3.確認機會 (確認並分析機會)		01/20	HP	完成WSP計劃	Joy King
4.發展機會 (RFP , POC)	林苦力	二月	XX銀行	驗證POC	Eric
5.提供建議 (對客戶作簡報)	All	03/15	XX銀行	客戶同意建議書	Joy King
6.議價及簽約	艾殺價	04/15	XX銀行	贏得標案	Joy
7.履行合約	林苦力 艾殺價	06/01	XX銀行	履約交貨	Joy Eric

關鍵掌握（K.S.F.）

何謂關鍵？根據柏拉圖80/20黃金法則，只要做對20%的事情，就會產生80%的預期效果，每件事情都有它至關重要之處，專案亦如是。

在銷售專案啟動之後，表面上好像事情很多，但關鍵致勝因素（K.S.F., Key Successful factors）其實不多，建議可挑出前三件要事，在執行過程中給予最大的放大與強調，直到贏下專案為止。

舉個例子，有一次我去執行一個專案，該專案決策者表面上對所有廠商一律公平，且不斷強調規格的重要及價格要多實惠……後來我發現他真正的意圖，只是要引進一個新廠商，平衡現有舊廠商的傲慢勢力。

我雖然是這個客戶的新加入廠商，沒經驗看似弱點，卻反而變成我的極大優勢。因此，在整個處理過程中，我只要跟決策者「同仇敵愾」，一起去平衡現有舊廠商的傲慢即可，其它所謂規格及價格就不是那麼重要了。

How - 體驗　銷售實務範例

XX銀行徵授信專案

客戶：ＸＸ銀行｜專案：徵授信系統

產品：雷射印表機500台｜預算：1,000萬

一、Opportunity（機會分析）

1. Customer Profile（客戶背景）

XX銀行在台灣服務據點約280家，其中銀行185家、證券56家、保險36家、投信3家。初期以存放款、匯款、進出口及雙元外幣之貨幣結構組合式商品為主。

XX銀行放款結構以企金為主，比重近六成；其次為個金約35%。2011年放款比例，政府機關佔10%，大型企業佔19%，中小企業佔26%，房屋貸款佔32%，OBU及海外佔8%。2012年放款比例，房屋貸款佔33%，中小企業貸款佔26%，大型企業佔18%，政府機關佔8%，海外及OBU佔10%，其他消金放款佔5%。

※以上資料，一般可在公開官網取得。

2. Opportunity Profile（專案背景）

❶ **Money 預算**：整個專案6,000萬，印表機部分1,000萬。

❷ **Authorized 關鍵人**：林苦力、陳恩公。

❸ **Need 需求**：A3黑白雷射印表機、須與徵授信系統連接、7×24小時服務等級。

❹ **Timing 時程**：四月完成測試，五月提供建議書及簡報，六月議價，七月底之前須全部上線。

❺ Competition 競爭：B牌、C牌。

❻ Strategy 策略：說服客戶找一家新供應商平衡原供應商在裡面的勢力，以及用印表機網管系統增加自己的相對競爭力。

3. Assessment Profile（評估背景）

- 會買嗎？該銀行已決定七月底前一定要上徵授信系統，且已有編列預算（會買！）

- 會贏嗎？A牌是印表機第一大品牌（有機會贏！）

- 值得嗎？銀行業第一個灘頭堡，而且驗收風險不高（值得贏！）

-

二、Political（人脈分析）

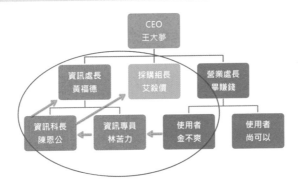

決定圈 People	角色 Role	性格 Adaptability	關係 Status	照應 Coverage
黃福德	A	5	=	3
陳恩公	D	4	+	5
林苦力	E	3	*	4
艾殺價	B	3	=	2
金不爽	U	2	=	3

三、Decision（需求分析）

客戶需求 ＼ 決定圈	黃福德 (A)	陳恩公 (D)	林苦力 (E)	艾殺價 (B)	金不爽 (U)	平均 (Ave)	重要性 H (>3) M (=3) L (<3)
產品規格 (Product)	3	5	2	3	3	3.2	H
售後服務 (Service)	3	3	3	2	4	3	M
解決方案 (Solution)	3	3	3	2	2	2.6	L
廠商報價 (Price)	4	2	3	5	3	3.4	H
廠商能力 (Company)	3	3	3	2	2	2.6	L

◎客戶需求簡述

- 產品規格：A3黑白雷射印表機500台
- 售後服務：7×24小時，保障印表機不停擺服務
- 解決方案：須與銀行徵授信系統連接，輸出正常
- 廠商報價：800萬～1000萬之間
- 廠商能力：須為上市公司，資本額大於1億，服務據點大於50處，服務工程師大於100人

四、Competitor（競爭比較）

客戶需求 ＼ 競爭對手	自己 (A牌)	他牌1 (B牌)	他牌2 (C牌)	平均 (Ave)	競爭性 H (>Ave) M (=Ave) L (<Ave)
產品規格 (Product)	3	3	3	3	M
售後服務 (Service)	4	3	3	3.3	H
解決方案 (Solution)	5	3	2	3.3	H
廠商報價 (Price)	2	4	3	3	L
廠商能力 (Company)	4	4	3	3.7	H

◎競爭比較分析

- B牌為XX銀行資訊產品主要供應商，含主機、伺服器、網路等相關設備；C牌在XX銀行並無勢力，且在印表機品牌中不具威脅性，本案只是來陪標。因此，只要關注B牌競爭即可。

五、G.O.S.A.（策略擬定）

1. Goal（目的）：攻下XX銀行這灘頭堡，使A牌成為銀行界的印表機首選廠商

2. Objective（目標）：雷射印表機500台，業績1,000萬

3. Strategy（策略）

客戶需求	重要性	競爭性	策略性
售後服務 (Service)	M	H	1.正面攻擊
解決方案 (Solution)	L	H	2.喚醒沉睡
廠商能力 (Company)	L	H	2.喚醒沉睡
產品規格 (Product)	H	M	3.轉變規則
廠商報價 (Price)	H	L	4.轉移淡化

◎策略總結

- 平衡B牌在XX銀行勢力
- 強調A牌是印表機第一品牌，把規格考量引導到品牌選擇
- 強調B牌印表機不穩定所帶來的損失
- 售後服務：正面攻擊，A牌是印表機的第一品牌，強調機器不穩、服務不好所帶來的後果
- 解決方案：喚醒沉睡，告訴客戶解決方案及廠商能力的重要性，並試圖強調商業利益及機器不穩所帶來的痛感

- 廠商能力：喚醒沉睡，告訴客戶，廠商的規模及總體的服務能力是客戶最佳保障
- 產品規格：轉變規則，A牌規格略差，把它轉移到穩定度才是重點，規格速度非印表機主要考量
- 廠商報價：轉移淡化，用總體的成本（含不穩定的商業損失成本），來淡化客戶擇廉的觀念

4. Action（執行）

執行計劃 (事)	客戶 (人)	時	地	目標 (物)	負責人
1.了解客戶 (初步拜訪)	林苦力 陳恩公	01/05	XX銀行	了解狀況 認識客戶	Joy
2.辨識機會 (客戶需求訪談)	林苦力 陳恩公	01/15	XX銀行	了解需求	Joy
3.確認機會 (確認並分析機會)		01/20	HP	完成WSP計劃	Joy King
4.發展機會 (RFP , POC)	林苦力	二月	XX銀行	驗證POC	Eric
5.提供建議 (對客戶作簡報)	All	03/15	XX銀行	客戶同意建議書	Joy King
6.議價及簽約	艾殺價	04/15	XX銀行	贏得標案	Joy
7.履行合約	林苦力 艾殺價	06/01	XX銀行	履約交貨	Joy Eric

六、K.S.F.（關鍵掌握）

1. 說服客戶該用A牌來平衡B牌的談判力

2. 請人帶話給B牌，和平共處勝過彼此破壞，B牌賣主機，A牌賣印表機

3. 對客戶不停強調，A牌是印表機的第一品牌，且它牌機器不穩，服務不好，會帶來嚴重的使用者抗議及損失商機

※以上三點，須不停的重複，直到深深被客戶認同，贏下此案！

Chapter. 4

溝通力

溝通3S法則

溝通力是職場五力中最有趣的章節，
學會溝通 3S 法則，可以讓你從很愛
說話提升到很會說話，迅速有效地達
成說服目的。

溝通力是職場五力中最有趣的章節，它是職場中隨時隨地用得到的一個技巧。此外，它也屬於心理學的一個領域，跟我所熱中的NLP神經語言程式、催眠學息息相關，甚至觸及到高我與指導靈的連結。

善於溝通的人，懂得如何傳達意念，說服他人，表達自我需求及發現他人需求，最終贏得更好的人際關係和成功的事業。反過來說，一個不會溝通的人，詞不達意，不知所云，不了解自己，也不知道同理他人，儘管有再大的能力，終究是一個失敗者。

廣義的溝通，是指所有思想意念的傳達；狹義的溝通，可說是一個商業說明或一場商業簡報。

在職場五力成功方程式中所談的溝通力，就是指狹義的部分。**職場的溝通效度有四個等級，分別是訊息、理解、說服、感動。**因為職場上的功利主義，把人心變得政治、複雜，我們必須學會如何拉高溝通效度，才能說服別人，得到你所想要的結果。

舉個銷售印表機的溝通例子，大家或許會更清楚：

【訊息】

陳老闆您好，這是我們新出的印表機，速度很快，1分鐘可印50頁。（印得快，關他何事？）

【理解】

陳老闆您好，這是我們新出的印表機，速度很快，1分鐘可印

50頁。印出10份50頁的簡報，只要10分鐘。（他終於聽得懂了！）

【說服】

陳老闆您好，這是我們新出的印表機，速度很快，1分鐘可印50頁。印出10份50頁的簡報，只要10分鐘。大大提高辦公室的工作效能，讓公司上層可以快速看到報告，加速他們的決策判斷。（他感覺到你為他著想了！）

【感動】

陳老闆您好，這是我們新出的印表機，速度很快，1分鐘可印50頁。印出10份50頁的簡報，只要10分鐘。大大提高辦公室的工作效能，讓公司上層可以快速看到報告，加速他們的決策判斷。這樣一來，你的績效一定大大提升，將來受到公司提拔升官的機會也一定大大增加。（他一定會跟你買了！因為你是那麼的為他著想。）

累積多年的經驗，我把有關溝通的技巧整理成**溝通3S法則：Story**（故事力）、**Sense**（設計力）、**Show**（說服力），讓你的溝通能力從很愛說話提升到很會說話，迅速有效地達成說服的目的。

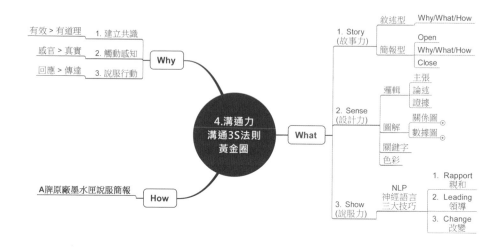

Why（動機）

1. 建立共識

　　廣義的說，溝通不只是跟他人對話，同時也是在跟自己對話。有良好溝通能力的人，會先讓自己處於一種理想的狀態，很清楚自己的溝通目標，之後才能在愉悅自信的狀態下去說服別人，同步彼此的共識。簡單來說，在溝通過程中，有效比有道理重要。有的人很愛說話，但不等於很會說話。愛說話的人，儘管表面講得頭頭是道，卻只是單方認定；而會說話的人，則能迅速掌握重點，同理他人，有效達成彼此共識。

2. 觸動感知

　　地圖非真實的疆域，每個人都在內心製造屬於自己的實相，只有感官的世界，沒有絕對真實的世界，所謂真實的世界只存在於每一個人的大腦認知。

3. 說服行動

在商場上的溝通，最終目的就是要說服對方改變態度，引發行動。關鍵不在於我們怎麼傳達，而是在對方怎麼回應，會不會採取我們要他作的行動。所有的商場溝通，若不能說服對方改變態度，而有進一步行動，就算是一個無效溝通。

What（理解）

談溝通力，我採用的是**溝通3S法則**，在此先簡述架構，後面會進一步詳述。

1. Story（故事力）

從小我們就愛看故事書，不愛看教科書，道理何在？因為只有故事會讓人專注，讓人期待，跟當事人的心境與經驗結合。在職場上，有關說故事的方式，在此我提供兩個簡單模組：

❶ 敘述型

Why（動機）、What（理解）、How（體驗）。

❷ 簡報型

Open（吸引）、Why（動機）、What（理解）、How（體驗）、Close（強化）。

2. Sense（設計力）

指的是簡報版面設計，必須掌握四個重要元素：

❶ 邏輯

主張，論述，證據。

❷ 圖解

關係圖，數據圖。

❸ 關鍵字

用關鍵字做焦點放大。

❹ 色彩

用色彩做大腦活化。

3. Show（說服力）

推薦NLP神經語言三大技巧：

❶ 親和（Rapport）

鏡射法／共振法／回溯法。

❷ 領導（Leading）

後設模式／比喻模式／催眠模式。

❸ 改變（Change）

心錨法／次感元／立場法。

How（體驗）

A牌原廠墨水匣說服簡報。A牌原廠墨水匣一直是A公司的利潤來源，如何有效說服聽眾使用原廠墨水匣，是一個很關鍵的任務。

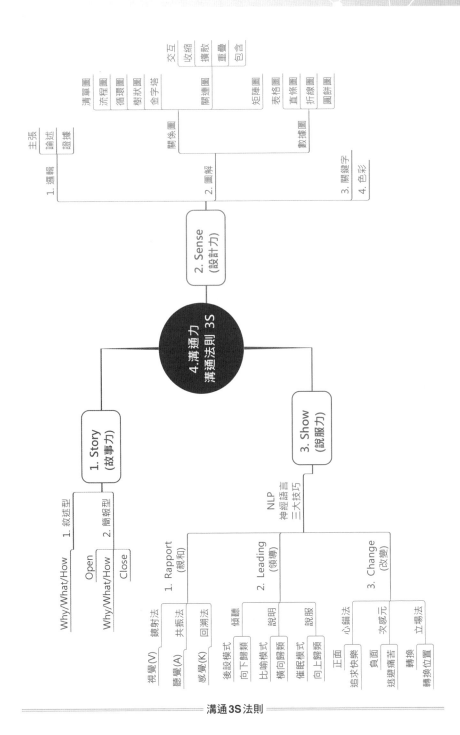

溝通3S法則

Story（故事力）

溝通3S法則，從故事力、設計力，到說服力，就像是一場自導、自編、自演的過程。

從小我們就愛看故事書，不愛看教科書，因為只有故事會讓人專注、期待，跟自己的心境與經驗結合。記得念南一中的時候，只要有同學染上武俠小說，幾乎都是徹夜不眠的看；而民國70年港劇《楚留香》風靡全台，即使明天要大考，也要在電視機前面盯上2小時，才甘願去念書，就是想知道故事劇情如何發展……

在職場的溝通中，不管生意好不好，每次老闆總是會問一句：「What's the Story？」整個故事是什麼？而這其中的故事，就是在試圖理解事物的本質。我在設計溝通力的說故事模組時，仍然以黃金圈模組為主：

- 敘述型：Why、What、How
- 簡報型：Open、Why、What、How、Close

一、敘述型：Why、What、How

在職場中，大家都很愛講話，甚至很愛插斷別人講話，似乎深怕不開口，就會失去為自己辯駁、解釋的機會。以我工作多年觀察，我可以大膽的說，大部分的人都只是很愛講話，但不會講話，即使是身為主管也一樣，包括我自己，甚至因為當了主管，更愛上講話的權利。

後來我建議自己和員工，**在說話之前要注意三個步驟：1.想清楚、2.寫下來、3.說出去**，感覺就比以前好多了，至少不會離題，可以專注在主題上頭。但是之後有員工問我，有什麼辦法可以讓自己想清楚？這個問題瞬間把我考倒了，於是我跑去聽一些很會講話的人講話，歸納出三個重點——Why（動機）、What（理解）、How（體驗）。

我的工作常要對公眾說話，也經常被邀請要作Opening，在還沒學會心智圖法前，常常是想到什麼就講什麼，有一次鼓起勇氣聽自己說了什麼，發現簡直亂七八糟，這時我才恍然大悟，這樣的狀況是不對的。後來就在心中套用這個模組，果然順暢多了。

譬如有一次我去台東公益平台作公益，校長忽然要我對一群高中生講話，因為太突然了，我只好迅速套用這個敘述型模組，上台說了這一段話：

「我是陳老師，今天來的主要目的，是要啟動各位的夢想，促進各位的學習，提升各位將來的競爭力。我將帶給各位的分享內容，是心智圖法的原則與應用，接下來會親自帶領各位同學進行幾個很實用的範例，希望大家快樂、學習、成長。」而當時在我大腦中出現的就是後面那張心智圖。

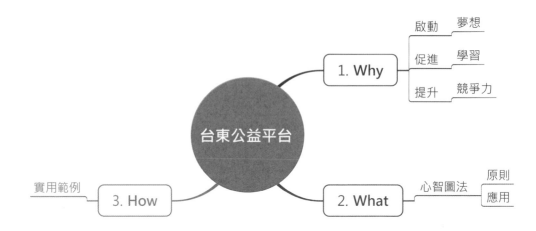

二、簡報型：Open、Why、What、How、Close

跟敘述型相比，簡報型是一個很正式的簡報，必須在Why、What、How前後，加上Open及Close。用意就是在整個簡報溝通過程，作一個強力的開場吸引，也因為一場簡報通常會超過30分鐘，必須要有完整的開場及收尾。

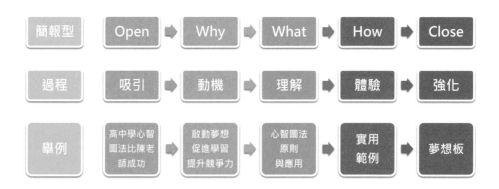

在外商公司上班，簡報能力的優劣，是存活的重大關鍵因素。因為很多人，包含國外的長官、國內的同事，以及所有的通路和客戶，幾乎有大半時間是透過簡報來認識你。既然如此，我很難理解

為何有人不願意把簡報學好？沒有程度的簡報，就像一個隨意穿著就去相親的人，會給人留下很不好的印象。

這個簡報型的應用，是在作一份簡報之前，先給自己一個簡報內容的框架。每當我用心智圖勾勒出簡報的框架，心就已經大大的安了一半，因為有了框架之後，剩下就是專業簡報設計及如何溝通說服而已。

延續上一個例子，即使臨時受託，必須對高中生作2小時的簡報，只要用心智圖法來發想，一份簡報30分鐘就可以完成了。

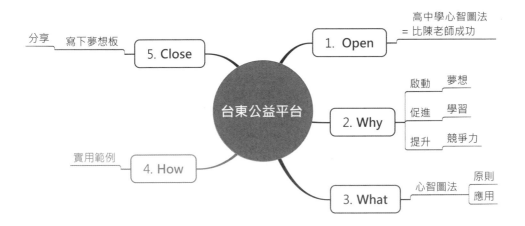

Sense（設計力）

簡報的設計，是最直接讓觀眾看得到的，很多人很會講話，可惜就敗在這一關。其實作簡報是件很簡單的事，只要順著前述的故事力把心智圖作成簡報即可。在**設計簡報時，要牢記四不與四要：**

一、四不

1. 不把觀眾當讀者

很多人因貪圖方便，直接截取 Word 文字，貼進簡報檔。當你把密密麻麻的字秀出來，等於把觀眾當讀者，注意力瞬間被文字轉移及破壞，極難回復。

2. 不把大字報當簡報

雖然字少了，字級放大了，還是把觀眾當讀者，沒什麼兩樣。

3. 不把資料當簡報

把手上相關資料都放進簡報，觀眾一定瞬間進入睡眠模式。

4. 不把提詞當簡報

提詞一般用來提醒自己關鍵觀念及重要訊息，並不適用於放入簡報，一來破梗，二來突兀，會讓口語的表達失去流暢感。

二、四要

1. 要有邏輯架構

沒有邏輯，不是故事，因為不是故事，當然就無法打動觀眾。職場的商業邏輯，我通常採用三大元素——主張／論述／證據。

一般作簡報，常用的**邏輯架構是主張→論述→證據**。下方圖例中Ａ牌印表機是您的最佳選擇，不但有好品質，穩定評比第一名，預算低也買得起，5,000元有找，是同等級產品中最低價。

製作投影片，依照主張→論述→證據的川流，有時一張投影片包含三樣元素，有時會以一群投影片組合，每一張各代表主張、論述或證據。一般

是一個主張、幾個論述、多個證據，要注意投影片分鏡連戲過程，必須將故事引導順暢，觀眾才能樂在其中。

2. 要善用圖解

圖解跟圖像概念是一樣的，但**圖解是圖像、關係圖及數據圖的總合，是製作投影片時很重要的元素**。很多人教商業簡報，都主張作出有自己風格特色的圖解，而職場五力講求快速有效，因此我建議善用微軟Office內建的SmartArt功能即可。

經過一番整理，我把所有圖解歸納如下：

5W2H 本質	關係圖							數據圖			
	清單圖	流程圖	循環圖	樹狀圖	金字塔	關連圖	矩陣圖	表格圖	直條圖	折線圖	圓餅圖
What	分項										
How		步驟									
When			標準								
Why				原因							
Who				組織							
Where					層級	關連	對應				
How Much								總覽	大小	趨勢	比例

請注意，這裡對應的是最常用的代表，並不是說它不能作其它應用。譬如流程圖，不只有How，它其實也有What、When。

關係圖可分為清單圖、流程圖、循環圖、樹狀圖、金字塔、關連圖、矩陣圖。

❶ 清單圖：分項歸類

清單就是簡單的分類，只有階層關係，沒有先後順序，某種程度上，它也是種心智圖法的變形。

❷ 流程圖：執行步驟

顧名思義，流程圖是表現時間變化與過程的一種圖形，透過箭號和圖框，將時間與過程的進展視覺化，用以表示前後的因果關係。

❸ 循環圖：標準流程

循環圖是流程圖的另種變形，但有別於流程圖，它沒有終點，是一種無限循環、逐步改善的意義。

❹ 樹狀圖：原因分析＆組織架構

樹狀圖的應用有兩種，分別用在原因分析與組織架構。在執行原因分析時，能有系統的拆解問題，精簡焦點資訊，利於探索問題本質；另一方面，它可以用來呈現一個組織的階層及功能角色。

❺ 金字塔：層級架構

又叫階層圖，用來表達階層，上下或高低關係，同時也呈現出數量多寡。由下往上，層層收斂，數量越少；由上往下，層層擴散，數量越多。

❻ 關連圖：彼此關連

共分五種：1.交互、2.收縮、3.擴散、4.重疊、5.包含。有時圖框彼此關連，但又不屬於以上圖解，我們就把它歸類為關連圖。**交互**是彼此的影響關係，**收縮**是由外往內事件指向，相反則是**擴散**，是由內往外事件指向，**重疊**就是彼此有局部重複關係，若重複到產生包含關係，就是**包含**。

❼ 矩陣圖：分項對應

又稱象限圖。矩陣圖在作分項策略時非常好用，舉凡波士頓矩陣（BCG）、安索夫矩陣、SWOT現況分析、時間管理……等等，是一種很有用的收斂工具。尤其以心智圖作完水平思考，再來個矩陣圖作垂直思考、策略定位，是相當有力量的組合。

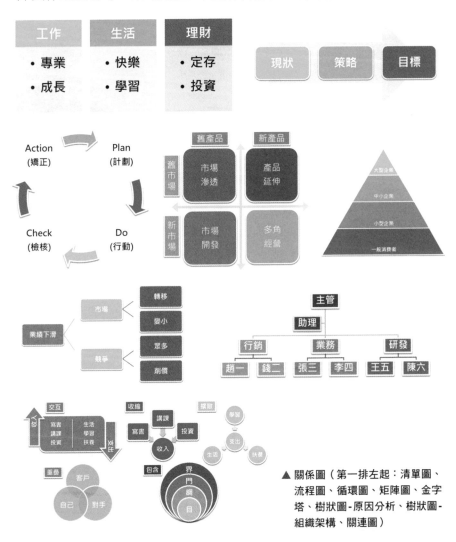

▲ 關係圖（第一排左起：清單圖、流程圖、循環圖、矩陣圖、金字塔、樹狀圖-原因分析、樹狀圖-組織架構、關連圖）

數據圖是簡報中常用的圖解，尤其是跟數字相關的報告，其中經常會用到表格圖、直條圖、折線圖、圓餅圖。

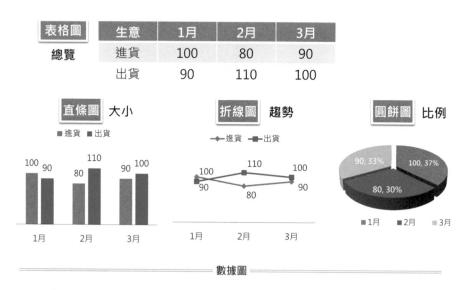

數據圖

❶ 表格圖：總覽

表格本身是一種圖，甚至是最為精簡完整的對應圖表，當你還在傷腦筋用什麼數據圖時，有時表格圖就是個最簡單有效的圖表。

❷ 直條圖：大小

不管是直的還是橫的，最主要是要顯示量的大小。

❸ 折線圖：趨勢

折線圖很適合用來表現一段時間內的數字及趨勢變化，在描述企業成長、衰退、穩定或波動時，折線圖的使用率極高。

❹ 圓餅圖：比例

圓形最能給人整體及分量的感覺，如果是需要描述每一個分項佔整體的分量及比例，圓餅圖就再適合不過了，例如上圖中每個月份的大小及比例。

3. 要使用關鍵字

何謂簡報，就是簡單有力的報告，而關鍵字的使用，便是這力量的源頭。關鍵字相關概念可參照前面〈思考力〉的說明。

4. 要搭配色彩

色彩及圖像都是活化大腦、吸引注意及增強記憶的有效工具，跟關鍵字一樣，也在前面〈思考力〉做過介紹。

下面我以三張簡報作一比較，讀者會比較容易理解。第一張是傳統的大字報，這種簡報等於告訴觀眾你的簡報設計有多差，日後會很難改變別人對你的第一印象；第二張標題有含主張，本文也使用了論述及關鍵字，但缺乏圖表與證據；第三張就一目瞭然多了，這才是我們該有的基本簡報功夫。

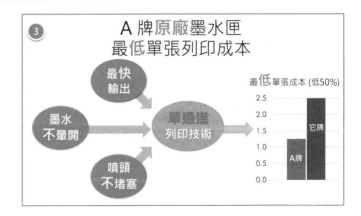

Show（說服力）

關於說服力，有很多不同的說法，在這裡我想提出一套更有用的方法，就是NLP（Neuro-Linguistic Programming，神經語言程式學）。這門課程我已經研習好長一段時間，它的應用很廣泛，是建立正面心態、掌控思維、提升信心、自我激勵、加速學習、融洽人際、提升說服力、訂定未來方向和成功藍圖的一門有效學問。

在溝通的過程中，所有的訊息是透過感官將資訊輸入大腦，換句話說，我們是透過從眼睛、耳朵、鼻子等器官進入大腦的資訊來理解這個世界，所以我們必須管理被溝通者的五感（視覺、聽覺、觸覺、嗅覺、味覺）。

在NLP神經語言中，把觸覺、味覺、嗅覺合稱為「感覺」，一般我們會以VAK（Visual 視覺、Auditory 聽覺、Kinesthetic 感覺）來討論NLP，而每個人對視覺、聽覺、感覺的傾向不盡相同，讀者要先觀察對方屬於哪種傾向，下藥才會更到位。簡單判斷就是，一般視覺型的人眼睛常往上方看，講話速度較快；聽覺型的人眼睛常往平視看，講話速度中等；而感覺型的人眼睛常往下看，說話速度也較慢。從一個人說話內容大概可以判讀出這個人的感知偏好：

- 這台印表機造型很時尚（V-視覺型）
- 這台印表機列印聲音很吵（A-聽覺型）
- 這台印表機材質摸起來很有質感（K-感覺型）

以我的經驗和觀察，唯有能全面掌握VAK感知，才能成為一個最高明的溝通達人。

在談到溝通應用之前，我想先讓讀者知道NLP三個跟溝通有關的重大前提：

1. 有效果比有道理更重要
2. 只有感官的世界，沒有絕對真實的世界
3. 溝通的意義在於對方的回應

有關說服力的應用，我參考了NLP相關部分，整理出三大步驟、九大技巧——

1. **親和（Rapport）**：鏡射法／共振法／回溯法
2. **領導（Leading）**：後設模式／比喻模式／催眠模式
3. **改變（Change）**：心錨法／次感元／立場法

整個說服三部曲，就像是交際舞一般，先親和的配合對方舞步，之後反過來領導對方，然後再進一步改變對方，讓他跟你的目標產生一致。

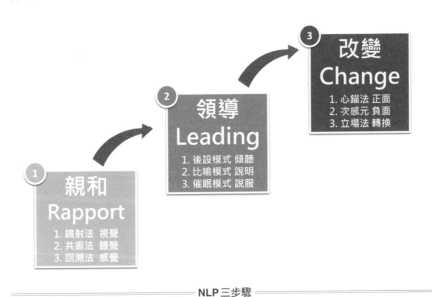

NLP三步驟

一、親和（Rapport）

親和技巧分為三種：鏡射法、共振法、回溯法，分別是同步視覺、聽覺及感覺。

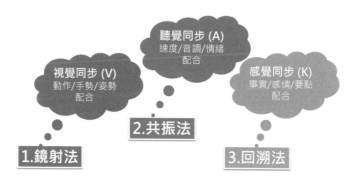

1. 鏡射法（視覺）

以視覺同步為主，最主要是同步對方的動作、手勢和姿勢，當我們與對方肢體同步時，對方的戒心自然會在無形中降低。舉例來說，如果你周遭有一些很麻吉的朋友，或是很情投意合的情侶，你會發現這些人的動作、手勢和姿勢一定很像，因為我們**人類有一種傾向，只要兩方的心意越來越相通，自然會表現出與對方類似的狀態**。反過來說，貌合神離的怨偶，他們的一致性一定很低。

親和是一種反過來操作的方式，當我們配合對方視覺狀態時，也等於提高了內在一致的狀態，但切記不可以很刻意，要很自然的不動聲色。譬如跟客戶對坐聊天時，配合對方的表情、手勢及腳步的動作，在相同的時間拿起刀叉（筷子）用餐，舉起杯子喝茶，你會發現自己的心竟然與客戶如此接近。

2. 共振法（聽覺）

以聽覺同步為主，之所以取名共振，就是跟聽覺頻率有關，是要你去同步對方的說話速度、音調和情緒。你是否有注意過，和自

己說話速度及音量大小不同調的人在一起，會覺得很彆扭、難以溝通，甚至不自覺產生敵意。你是否有過這樣的經驗，當你很努力想把狀況慢慢說明時，老闆忽然對你說：「你到底想說什麼？」「可以請你先說結論嗎？」類似這樣的狀況，在職場屢見不鮮。所以最好的方式，就是配合對方說話速度、音調，甚至語氣中的情緒。在職場上言語溝通頻率很高，配合對方說話的共振法，是非常重要的溝通技術。

3. 回溯法（感覺）

以感覺同步為主，最主要是同步事件的事實、感情和要點。只要從對方口中詞彙找到關鍵字，重複並予以感情回應，對方會認為你把他的話完全聽進去了。

甲：我下個月升課長。

乙：哇！你要升課長了（事實），真是太棒了（感情）！以你10年資歷及優秀表現（要點），真是實至名歸。

二、領導（Leading）

這是NLP溝通最精華的部分，是以語言操作為主，可分為「傾聽：後設模式／向下歸類」、「說明：比喻模式／橫向歸類」、「說服：催眠模式／向上歸類」三種模式。

每天，我們會與各式各樣的人對話，而在溝通時，我們會不自覺的將所要傳達的資訊省略、扭曲或一般化，這是人類的天性，會選擇自己想經驗的、想要的部分來對外溝通，而這三樣東西可說是一種語言的過濾器。解釋如下：

- **省略**：和別人說話時，我們並不會將所有訊息都傳達出去。
- **扭曲**：把原來訊息加上一些自己的看法及解釋傳達出去。
- **一般化**：把部分事件套入一個模糊或整體的框架傳達出去。

自己所擁有的完整資訊，稱為深層資訊，而經過省略、扭曲或一般化的資訊，就稱為表層資訊。以上所述的後設、比喻、催眠模式，就是在深層與表層資訊之間游移，以達到最有效果的溝通。注意這效果二字，並不是把深層資訊講通透才叫溝通；相反的，在某些狀況，說不定只要三言兩語的表層資訊，反而是最有效的表達。

三種語言模式如下：

1. 傾聽：後設模式／向下歸類

將遺漏的資訊還原且清楚呈現，就是後設語言的最大功能。以心智圖法角度來看，它就是一種向下歸類，試圖把資訊往細部探索。

甲：你是個很出色的業務！

乙：請問是誰對我的評價？（後設模式，反省略）

甲：他這事有點過分。

乙：請問他是哪裡過分？（後設模式，反扭曲）

甲：他總是對我不好。

乙：為何你覺得他總是對你不好？（後設模式，反一般化）

2. 說明：比喻模式／橫向歸類

所謂能言者善譬，把資訊作一個易懂的比喻，強化後再放送出去，會變成一個很有效果的說明。具體來說，這技巧就是將某種狀

況或現象，以一個簡單易懂的東西來比喻，以達到說明與讓對方理解的技巧。

甲：他對我好嗎？

乙：他對你如同親兄弟一樣的好？（比喻模式）

3. 說服：催眠模式／向上歸類

催眠這兩個字，一聽就令人興奮，我一直對催眠保持高度濃厚的興趣，除了NLP執行師之外，我同時也具備催眠治療師的認證。其實催眠是種翻譯，嚴格來說應該是催醒，把對方的醒覺放大，加強正面信念去接受一些指令。當然，**催眠模式就是在執行省略、扭曲、一般化的過程。**這三樣語言過濾器並沒有所謂好與不好，端看如何應用及所要達到的正面效果。

在催眠模式中，因為詞彙簡單有力，可以給對方自由對應空間，選擇一個屬於聽者最舒適的詮釋，譬如當你舉起右手喊yes，你一定會覺得能量滿滿，大家可就「能量」二字，自行找尋這兩個字帶來的舒適狀態。

甲：這件事，我做得不好。

乙：哪有不好，有人覺得很好。（催眠模式，省略）

只說有人，並沒有說是誰，就是把傳達的訊息省略了。。

甲：這件事，我做得不好。

乙：你會這樣想，就等於成功了。（催眠模式，扭曲）

把會這樣想，說成等於成功，就是把傳達的訊息扭曲了。

甲：這件事，我做得不好。

乙：所有成功者都會歷經這樣的過程。（催眠模式，一般化）

把做得不好，當成是成功者必經之路，就是把傳達的訊息一般化了。

我來舉個買車的例子，把後設／比喻／催眠模式整個走一遍。這是個真實故事，是我當初買保時捷時，業務員對我說的話，我回想了一下，整個過程也大概就是後設→比喻→催眠過程了。

　　業務員：King哥，你最喜歡保時捷的什麼地方？（後設模式）

　　King哥：我最喜歡的，就是它的內裝部分了。

　　業務員：你最喜歡內裝的什麼地方？（後設模式）

　　King哥：我最喜歡的，就是它儀表板的部分，真是太美了。

　　業務員：對啊，保時捷的儀表板，設計得跟飛機艙一樣，就像是在開飛機。（比喻模式）

　　King哥：這個比喻，真的很好。

　　業務員：King哥，其實買保時捷，就是等於成功的表徵。（催眠模式）

　　King哥：……

　　以上這段對話，對應到心智圖法的歸類如下：

- 後設模式（傾聽：向下歸類）：保時捷向下歸類到內裝，內裝又向下歸類到儀表板。
- 比喻模式（說明：橫向歸類）：把儀表板橫向歸類到飛機艙。
- 催眠模式（說服：向上歸類）：再直接把保時捷向上歸類到成功。

　　整個過程，其實每一層都有很多選擇，譬如成功的表徵不只是等於名車，而名車也不只有保時捷，就在這來回展開與收斂之中，產生說服的過程。如右頁圖，可以用心智圖法把NLP語言歸類模式作一個很有效的應用。

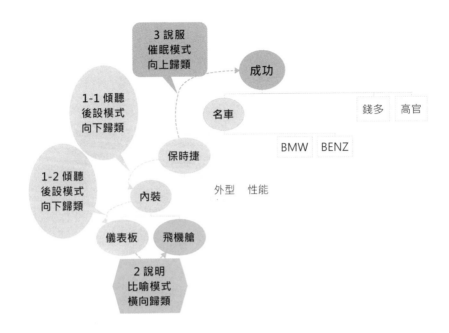

三、改變（Change）

　　經歷親和與領導的步驟之後，大家要知道，所有的溝通過程都是為了要觸動對方改變或行動。如NLP前提所言，有效果比有道理重要，只有改變對方才可以證明溝通的最終成功。在改變的部分有心錨法（追求快樂）、次感元（逃避痛苦）、立場法（轉換位置）三項技巧。

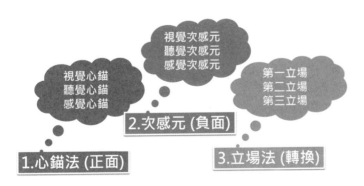

1. 心錨法（追求快樂）

心錨的方法，就是將五感輸入的資訊設為一個誘因，進一步引起我們設定的理想情緒及反應。當你透過視覺看見，或聽覺聽到，或感覺體驗時，每次都會引起同樣的狀態，就表示心錨設定成功。

舉個例子，國小時經常要練大會操，在那個年代，每次都會放梅花那首歌，時隔30多年，我只要聽到梅花，心情馬上穿越時空隧道，回到小時候運動會的興奮狀態。另一個例子，每次鈴木一朗站上壘包，就會擺出他的招牌姿勢，揮動手臂與球棒指向前方，很篤定的告訴自己：「投過來吧，我一定會打擊出去。」所以當他做同樣動作時，就會回到一樣的穩定狀態。

心錨的作用很大，有分正面與負面，在商場上，我把心錨拿來作正面應用。

心錨法，隨著感官，分為視覺、聽覺、感覺三種。

以下各舉一個簡單例子：

視覺（V）：看到名車保時捷的徽章＝成功

要客戶去正視保時捷的徽章，並強化這徽章的故事與榮耀，把它設成一個成功人士的心錨。

聽覺（A）：聽到周杰倫「聽媽媽的話」＝乖巧

每次我去教學生時，當他們很混亂噪動，我就把這首歌當背景音樂放出來。音樂一放，學生們竟然就柔軟的乖了起來，因為這首歌很紅，學生在不知不覺中早就被下了聽覺心錨，這就是為什麼以前戒嚴時代有所謂的禁歌。

感覺（K）：想到大學時代的營火晚會＝青春

我永遠都記得大一新鮮人迎新的營火晚會。那一天，當營火點燃，那一刻的青春年少，久久不忘。所以日後在參加兒子的童軍營火晚會時，我能瞬間回憶起大學時代的飛揚青春。

2. 次感元（逃避痛苦）

何謂次感元？我們平常都是用五官認識世界，在這個時候，我們所有的視覺、聽覺、感覺都會被組合起來，放在大腦的體驗記憶區塊，而這些構成要素就是次感元。隨著感官，次感元一樣可分為視覺、聽覺、感覺三種。

次感元的內在轉換，可用來作情緒的轉變，把負面印象在瞬間轉為正面；當然也可透過次感元的轉變，讓人對某些事物產生畏懼的逃避心理。**人類的心理有兩大機制：追求快樂與逃避痛苦。**過

去我在臨床的催眠實驗中，發現如果這個事件屬於追求夢想，使用追求快樂的催眠作用較大，譬如當一個人要買跑車，你請他去想像當他開敞篷車時，一群辣妹投來的崇拜眼光，以及開在台東海岸線，感受藍藍的太平洋、清爽怡人的海風，還有浪漫夜晚的星光閃閃……但如果是用在商場，逃避痛苦的作用就比較大，譬如當一個銀行要買印表機，你請他去想像銀行前檯印表機忽然卡紙，客戶因不耐煩而破口大罵，輕則挨一頓責罵，重則丟了工作，這時候他還敢不買你的產品嗎？

本書以職場應用為主，所以在次感元的應用上，我把它放在製造負面，讓客戶去經歷那些痛苦，從反向支持你的正面建議，而負面次感元加上正面心錨法，效果更是強大。

以下各舉一個簡單例子：

視覺（V）：對著鏡子，看到自己肥胖的醜陋體型＝失敗

如果要一個胖子減肥，最好的方法是帶他到鏡子前面，或請他想像自己的樣子，過去的醜陋所帶來的嘲笑與輕視，過去因為肥胖失去多少自信心，失去多少愛人，又失去多少求職機會……。這樣的視覺負面次感元，會讓他痛苦不堪，下定決心減肥。

聽覺（A）：工作處理不好，老闆陣陣責罵聲音＝失職

職場上的一級噪音，以老闆的數落聲排名第一，當員工的，應該最討厭聽到老闆嘮叨，所以請他去想像並放大老闆的責罵聲音，製造聽覺負面次感元，叮囑當事人不要再犯錯，效果非常好。

感覺（K）：專案輸給了競爭對手，那種感受＝失去

相信大家在職場上都有過輸給競爭對手的經驗。如果這是個很大的專案，自己努力了一整年，卻在最後一刻輸掉，那種失去的感受非常不堪且難受。很多面臨過生離死別的人，後來都很怕失去，

就是最典型的例子。所以在專案定輸贏之前，可讓業務員去想像過去那種輸掉案子的感受，那種錐心刺骨的失去之痛，會讓業務因害怕失去而打起精神來。

3. 立場法（轉換位置）

NLP有個大前提，就是只有感官的世界，沒有絕對真實的世界；地圖不等於疆域，每個人心中都有一份屬於自己的地圖。所有我們覺知理解的事（地圖），並非一定等於現實本身（疆域），同一件事，每個人的解讀也都不同，所以當你要試著去溝通或說服他人時，要站在對方的立場去感受一下。立場法的技巧，就是要藉由改變自己的立場及位置，來得知對方對同一件事情的感覺及看法。

立場法，以角色的不同，分成自己、對方、他人三種。

有時候當溝通出現問題，只要把自己模擬成對方，用對方的立場來看自己，答案馬上就會浮出。之後再把位置放到第三立場來審視自己和對方的溝通，整個狀況將會更為客觀及完整，因為它同時出現了三種角度。

延續之前買保時捷的例子，當作完語言模式（後設、比喻、催眠）之後，就是要用改變（心錨法、次感元、立場法）去促成購買行動。

業務員：King哥，你最喜歡保時捷的什麼地方？（後設模式）

King哥：我最喜歡的，就是它的內裝部分了。

業務員：你最喜歡內裝的什麼地方？（後設模式）

King哥：我最喜歡的，就是它儀表板的部分，真是太美了。

業務員：對啊，保時捷的儀表板，設計得跟飛機艙一樣，就像是在開飛機。（比喻模式）

King哥：這個比喻，真的很好。

業務員：King哥，其實買保時捷，就是等於成功的表徵。（催眠模式，一般化）

King哥：應該是。

業務員：King哥，請你想想保時捷的徽章，那成功的力量，真是無與倫比！（正面心錨）

King哥：對啊，那徽章確實很漂亮。

業務員：King哥，請你感覺一下，老是在路上看到別人開保時捷的煎熬感受……（負面次感元）

King哥：不要再逗我了啦。

業務員：副總，如果我是你，我一定要在50歲之前圓夢！（轉換立場法）

King哥：我買了！

各位讀者，這是個真實故事，我就真的買了一輛保時捷。

How - 體驗 溝通實務範例
A牌原廠墨水匣說服簡報

掃描QR Code 下載圖檔

{ 狀 況 }

A牌原廠墨水匣一直是A公司的利潤來源,同時也關係著使用者的省錢、健康及環保議題,在新產品發表時,如何有效地說服聽眾使用原廠墨水匣是非常關鍵的時刻。

{ 解 法 }

先製作心智圖,把整個溝通3S架構完整的走一遍。

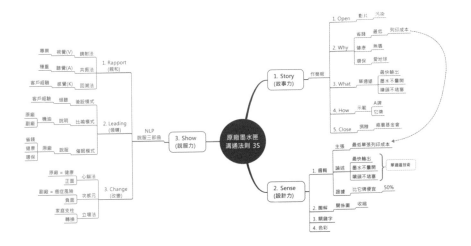

一、Story (故事力)

因為這是一場簡報,要說服聽眾使用A牌原廠墨水匣,所以完整的故事架構應該是Open/Why/What/How/Close。

1. **Open（吸引）**：放一段國內的食安及環境汙染影片，因為關係到聽眾的健康，所以很快就能引起聽眾的注意力。

2. **Why（動機）**：強力定位三大主張：省錢、健康、環保，能迅速引發聽眾關切簡報主題與動機。

3. **What（理解）**：進入技術層面，屬於論述部分，講解單通道列印技術，如何能作到最快輸出、墨水不暈開、噴頭不堵塞。

4. **How（體驗）**：進入體驗層面，屬於證據部分，最快的方法就是讓A牌與競爭品牌當場作一次列印，比較速度、列印品質或其它重要部分。

5. **Close（強化）**：既然主張中有講到健康議題，在最後結尾時可發起一項愛心義舉，做為彼此的善緣與收尾——只要客戶購買A牌原廠墨水匣，A公司就以客戶的名義，每一顆捐贈100元給癌童基金會。

二、Sense（設計力）

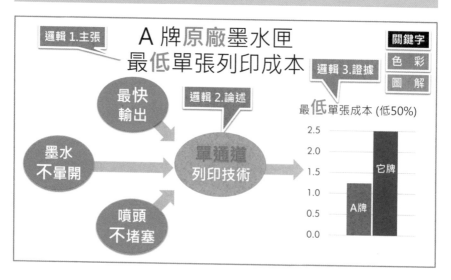

取其中一張省錢簡報設計為例，上面包含簡報四大要素：1.邏輯（主張、論述、證據），2.圖解（關連圖），3.關鍵字，4.色彩。

三、Show（說服力）

使用NLP說服三部曲：

1. **親和**：穿著配合客戶的專業（鏡射法），多用客戶的語言，談吐穩重（共振法），並回顧一下客戶實際經驗（回溯法）。

2. **領導**：先傾聽客戶經驗（後設模式），再舉例原廠機油與副廠機油品質差異（比喻模式），最後說出原廠墨水匣三大主張（催眠模式）。

3. **改變**：因為人類畢竟把健康當成是最珍惜的課題，所以先把原廠＝健康定為正面信念（心錨法），之後再把副廠＝癌症風險定為負面感受（次感元），最後以對方立場，同理心的鼓勵大家，保持健康才能成為最好的家庭支柱（立場法），這樣便可再加強大家對原廠墨水匣的使用信念。

────────{效　益}────────

作一場簡報，並不只是美美的設計而已，經過溝通3S法則的檢視流程，說出一個流暢的故事，輔以圖文並茂的簡報設計，再加上巧妙的NLP說服術，可將簡報溝通效益發揮到最大！

────────{建　議}────────

忙碌的職場，大家不像以前有很多時間約見，有時真正的較量就在一場簡報中，所以請各位讀者，務必具備強大的溝通及簡報能力，才能在職場中脫穎而出。

Chapter. 5

領導力

領導四大支柱

領導力是職場的高階核心競爭力。學會
領導四大支柱，經歷過管理階層的歷
練，整個職場生涯才算是真正的完整。

領導力是職場的高階核心競爭力，經歷過管理階層的歷練，整個職場生涯才算是真正的完整。為何我會這麼說呢？如下心智圖便可解釋一切：

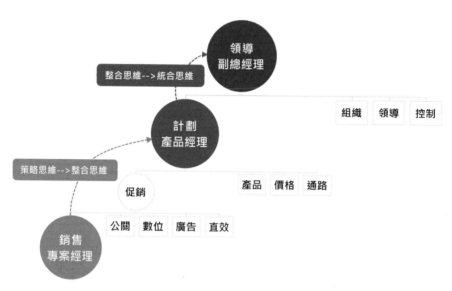

在外商的17年職場奮鬥史，我的職場路徑很幸運的一直被「向上歸類」，一路從專案經理到產品經理，再到副總經理，最後到資深副總經理。

擔任專案經理時，主要是負責一些大型企業，當時把自己定位在**策略思維**，關注焦點是如何用策略把對手擊敗，贏下專案；後來晉升為產品經理，整個人從策略思維提升為**整合思維**，負責的範圍一下子變得很廣，覺得自己可能無法勝任，所以那時候硬是逼自己去接觸心智圖法，雖然事情更多，反而覺得比作專案經理時更為勝任愉快。

日後晉升主管，範疇更大，而且要接觸到「管人」，我又開始覺得自己無法勝任，但等到接手之後，因為可以人事互濟，相互統

合，反而覺得工作起來無比暢快，自己的能力也從整合思維再度提升為**統合思維**。而在撰寫職場五力時，我順著思考力→銷售力→企劃力→溝通力→領導力，竟有一種一路往上走，重溫當時能力提升過程的感覺。

在領導力的技術上，我所使用的是**領導四大支柱，也有人說是管理四大功能，就是計劃、組織、領導、控制**。計劃的焦點是目標與策略，組織的焦點是人力與資源，領導的焦點是執行與激勵，控制的焦點是檢核與修正。

寫這個章節時，為了要取名領導力還是管理力，我想了很久，後來決定用領導力，原因是領導這兩個字可帶來更強的心念。拆開來看領導，**所謂領導，就是要領又要導，「領」著團隊，「導」向該去的地方**。

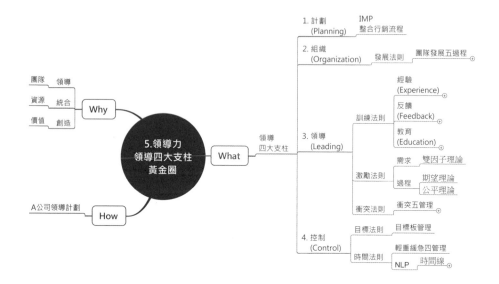

Why動機

1. 領導團隊

一旦升任為主管，日思夜想的就是如何把一群人放在一起工作，而這些人偏偏又是一個人一個樣。

在這裡，先解釋為何用團隊，而不用團體。

所謂團體，是指一群同部門的人，他們有各自的特性與目標，成員間並不因專長特性而分工，也不會進行整體運作，所以部門績效不佳；團隊則不同，他們擁有共同的目標，根據彼此的專長特性分工，成員之間因為要達成共同目標，經常協調，彼此溝通，所以整個團隊績效會大於個人績效加總。

這個就是所謂的綜效（Synergy）。一個有能力的主管，就是要把部門帶成一個有綜效的團隊。

2. 統合資源

一個主管會被授予人事安排及資源分配的權利，你之所以能駕馭屬下，驅動所有的執行，說穿了除了具備主管的法定權力之外，最主要是你擁有了資源權。而組織的資源取得與配置，也最容易是人員衝突的發生點，所以學會如何統合有限資源，極大化工作成效，是領導者很重要的課題。

3. 創造價值

　　試想，好端端的一群人在做事，上面多擺了一個看似沒在做事，卻只會叫人做事的主管，員工情何以堪啊！

　　過去的職場經驗，讓我看到很多不具實力卻又被晉升的人，都以為穿上龍袍就是太子……關於這點，我並不以為然，因為部屬整天在戰場上面對各種狀況，其實在某些領域的專業程度早已超越主管，而如果被一個沒有能力的人管教，恐怕是很難心悅誠服的。

　　因此組織就算給予主管再多的包裝與權力，倘若主管不知努力上進，創造主管存在的價值，終究也只是沐猴而冠而已。

What 理解

　　採用領導四大支柱，依其執行順序流程為計劃→組織→領導→控制，在此先簡述架構，後面會再做詳述。

How體驗

A公司領導計劃。

過去我常用領導四大支柱來領導我的團隊,在這部分就把當年的種種心得跟大家分享。

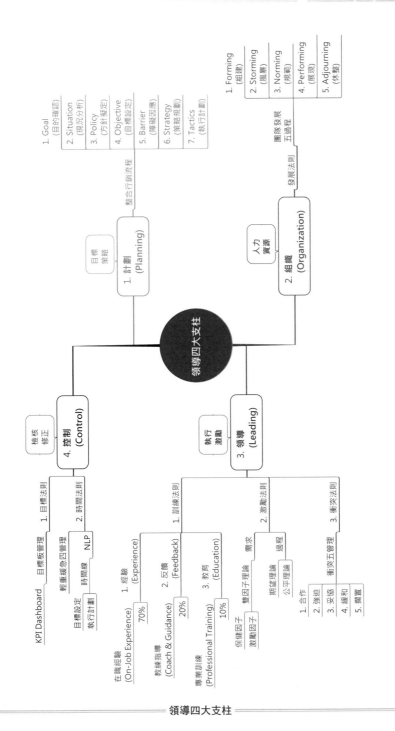

領導四大支柱

領導四大支柱

- 1. 計劃 (Planning)
  - 目標
  - 策略
  - 整合行銷流程
    - 1. Goal (目的確認)
    - 2. Situation (現況分析)
    - 3. Policy (方針擬定)
    - 4. Objective (目標設定)
    - 5. Barrier (障礙因應)
    - 6. Strategy (策略規劃)
    - 7. Tactics (執行計畫)

- 2. 組織 (Organization)
  - 人力
  - 資源
  - 團隊發展 五過程
  - 發展法則
    - 1. Forming (組建)
    - 2. Storming (風暴)
    - 3. Norming (規範)
    - 4. Performing (展現)
    - 5. Adjourning (休整)

- 3. 領導 (Leading)
  - 執行
  - 激勵
  - 1. 訓練法則
    - 1. 經驗 (Experience) 70%
      - 在職經驗 (On-Job Experience)
    - 2. 反饋 (Feedback) 20%
      - 教練指導 (Coach & Guidance)
    - 3. 教育 (Education) 10%
      - 專業訓練 (Professional Training)
  - 2. 激勵法則
    - 需求
      - 雙因子理論
        - 保健因子
        - 激勵因子
    - 過程
      - 期望理論
      - 公平理論
  - 3. 衝突法則
    - 衝突五管理
      - 1. 合作
      - 2. 強迫
      - 3. 妥協
      - 4. 緩和
      - 5. 擱置

- 4. 控制 (Control)
  - 檢核
  - 修正
  - 1. 目標法則
    - 目標板管理
      - KPI Dashboard
    - 輕重緩急四管理
      - 目標設定
      - 執行計畫
  - 2. 時間法則
    - 時間線
    - NLP

領導四大支柱

計劃（Planning）

　　這裡所談的計劃，推薦的是〈企劃力〉中談到的整合行銷流程（IMP），它已完整定義公司未來的營運計劃，所以在執行領導四大支柱時，第一件事當然就是把它先連結進來。在此作個簡單複習：

一、IMP整合行銷流程

1. 目的確認（Goal）

分析客戶、對手及公司，設定公司的企劃概念及商業模式。

2. 現況分析（Situation）

分析公司及外在環境的交互關係，找出營運的機會。

3. 方針擬定（Policy）

界定議題及決定公司的政策方針。

4. 目標設定（Objective）

設定公司營運的財務目標，找出市場組合及成長組合。

5. 障礙因應（Barrier）

根據現況與目標的差距，找出障礙問題、原因及對策。

6. 策略規劃（Strategy）

戰略層面，透過STP步驟，讓策略更精準有效。

7. 執行計劃（Tactics）

戰術層面，透過4P組合，對市場傳遞商品價值。

　　整合行銷流程（IMP）相關程序，詳細可參考前面介紹，此處另有補充。管理階層一般有分高階、中階及基層，高階主管負責策

略規劃，中階主管負責戰略規劃，基層主管負責戰術規劃，每一個規劃層級都有其相對應的企劃程序。實際操作時，並不一定要這樣的分明，守住總體的完整程序並交出成果，才是應該關注的焦點。

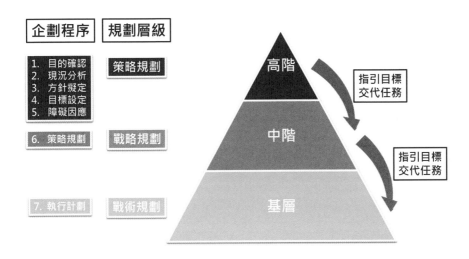

高階管理者（策略規劃）

策略規劃是由組織的高階管理者，根據組織的使命與任務，所展開的一連串客觀環境調查、內外部環境分析，以擬定公司核心概念與長期願景，定出公司營運目標及分析達成目標的可能性障礙。

中階管理者（戰略規劃）

當高階管理者作完公司長期的策略規劃，接下來就是中階主管的戰略規劃。

戰略規劃主要是根據策略規劃中所擬定的目標、商業模式，展開STP（區隔市場、選擇目標、找到定位）的動作。

其實策略本身就是一種選擇，基於資源極大化及營運聚焦的考量，在承接完高階的核心概念及方向後，中階主管必須校準槍枝的準星，瞄準標的物，把分配到的資源交辦給執行單位。

基層管理者（戰術規劃）

中階戰略規劃支援高階策略規劃，而基層的戰術規劃又支援中階的戰略規劃，這個階段主要是在執行4P（Product產品、Price價格、Place通路、Promotion促銷）的行銷組合。

以上，整個公司的管理階層，必須將策略、戰略、戰術作一個最有機的結合。既然是有機，就得要特別注意階層間的緊密結合，所有的策略並非一成不變，當下層在執行時遇到問題，便得再審視上層的策略是否需要跟著市場變化作修正，唯有如此，整個策略才會保持彈性，將成功的可能性拉到最高。

組織（Organization）

組織指的是一群人為特定目標，搭配資源、程序與架構所組成的團隊。在說明如何管理團隊發展五過程之前，我們先來搞懂以下幾種組織類型：

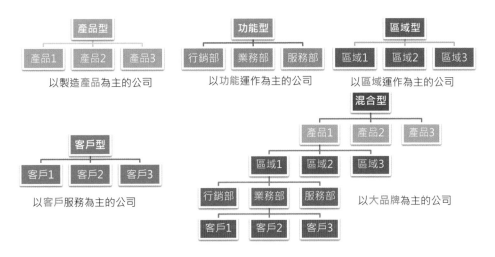

- **產品型**：以製造產品為主的公司，此類型大多數擁有自己的品牌。
- **功能型**：以功能運作為主的公司，各種功能之間，可因不同機能作出有機的結合。
- **區域型**：以區域運作為主的公司，以覆蓋率為主要考量。
- **客戶型**：以客戶服務為主的公司，小型企業以這類型為主。
- **混合型**：以大品牌為主的大型企業，在總部先以產品劃分，之後以區域來分，例如亞洲、美洲、歐洲；然後再分國家，

例如亞洲分為台灣、香港、新加坡、馬來西亞、泰國、越南、中國、韓國、日本、印度、澳洲，紐西蘭，巴基斯坦等等。一旦進入國家，就是開始進入功能分類，在業務部又會分客戶屬性，行銷部可再分產品屬性，這就是一個大公司的完整運作組織系統。

組織團隊，需要一個優秀的領導，有道是「千軍易得，一將難求」，我在職場這麼多年，能讓我衷心佩服的人屈指可數，不是喜歡玩弄平衡，就是把屬下當機器，以交易的心態帶領下屬，我給你薪水，你給我數字，如此而已。一個公司的好壞，關鍵在於領導，有好的領導，自然會有好的團隊，也自然會有好的營運成果。

由於大學時代在救國團參與社服工作，後來出社會所學的研習及認證，除了職場相關能力之外，其它也大多與人的成長相關，因此在我心中一直期許自己能成為一個心理諮商師，去幫助需要幫助的人。所以在當主管期間，我特別致力於協助部屬的個人成長及職能開發，當然也包含團隊如何高效運作。

一、發展法則（團隊發展五過程）

人的一生，生老病死、苦集滅道，所以在養生方面，我們該知道如何依照四季節氣來調理身體；而在處事方面，也要能順應人性，在對的時間做對的事情。

團隊跟人一樣，也有它的生命週期，必須關注每個時段該關注的焦點，才會讓這個團隊健康的長大，極大化對組織的貢獻。而美國心理學教授布魯斯・塔克曼（Bruce Tuckman）所提出的團隊發展階段模型，則可被用來辨識團隊構建與發展的關鍵性因素。

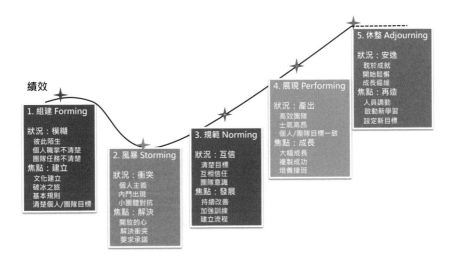

團隊的五個發展階段如圖示，並說明如下：

1. 組建階段（Forming）

團隊成員剛開始一起工作，對自己職掌和其他成員角色都不是很了解，會有很多疑問，並透過摸索確定何種行為能夠被接受。

【狀況】模糊

- 團隊的人對彼此的感覺很陌生。
- 每個人對個人的職掌不清楚。
- 每個人對團隊任務不清楚。

【關注焦點】建立

❶ 文化建立（Establish）

譬如先定義我們的團隊叫作Happy Winning Team，主要任務是快樂、學習與成長。

❷ 破冰之旅（Teambuilding）

一起去拜拜，一起去騎腳踏車，一起唱KTV，以及分派一些簡單有趣的團隊任務，促進和諧。

❸ 基本規則（Ground Rule）

運用主管的威勢，告訴團隊什麼是本部門的基本規則，那也是我管理的底線，說好不得越線。

❹ 清楚個人／團隊目標

很清楚告訴團隊成員，每個人的職掌、要達成的共同目標及任務，還有將來要如何考核他們的表現。

2. 風暴階段（Storming）

一旦清楚自己的職掌，在有限資源下，彼此分食互爭的個人主義就會出現，這是自然不過的道理。

【狀況】衝突

- 個人主義。只有個人，沒有團隊。
- 內鬥出現，互看對方不順眼。
- 小團體開始出現，彼此對抗。

【關注焦點】解決

❶ 開放的心

團隊衝突再正常不過了，主管必須用很開放的心去接納看似殘破不堪的團隊。

❷ 解決衝突

親自去了解衝突原因，傾聽員工的說法，真誠地提出解決方案。

❸ 要求承諾

營造一起面對目標的使命感，邀部門員工一起對共同目標作出承諾。

3. 規範階段（Norming）

既然彼此敵意已被消除，當然人就會因相互取暖而彼此信任，此時的團隊會開始穩定下來。

【狀況】互信

- **清楚目標：**每個人都會因經歷前面兩個階段而知道個人目標及團隊目標。

- **互相信任：**經過了解決衝突，整個團隊的人開始放下心防，敞開心胸，彼此信任。

- **團隊意識：**既然彼此信任，團隊意識就會自然而然的形成。

【關注焦點】發展

❶ 持續改善

要記得永遠都有改善空間，這時可針對一些主要議題作深入的探討及持續改善。

❷ 加強訓練

這個階段，也正是開始練兵的好時機。我個人因為有取得一些認證，這時候我會把我的職場經驗，以及一些相關認證的技能，開始分享給同事們（那時所學所教的東西也都寫在這本書上了）；另外，建議可編列戰鬥小組，成員最好老、中、青三代都有，挑出資深的人當小組長，帶領較為資淺的員工。主管必須學會授權，而授權會讓小組長覺得被尊重，一方面對他們也是一種訓練。

❸ 建立流程

開始建立一些相關運作流程，如銷售流程、企劃流程、服務流程……等等，建立流程的好處是讓團隊跟隨著 SOP 運作，長期聚焦而穩定強大。

4. 展現階段（Performing）

此時彼此信任，再加上人人因訓練而能力大增，正式進入歡樂收割時節。

【狀況】產出

- **高效團隊**：團隊人人因訓練而有能力，彼此相互合作，高度績效自然產生。
- **士氣高昂**：有能力、互信、高效的團隊，士氣又怎能不高昂呢？而士氣一旦高昂，就會製造更高的績效，良性循環，生生不息。
- **個人／團隊目標一致**：人人心中有團隊，除了個人目標之外，又有團隊共同目標。

【關注焦點】成長

❶ 大幅成長

不管是核心事業改善或創新事業，此時正是收割時期，主管必須勇於大幅的收割。一個很有向心力與能力的團隊，總會作出一些讓人很驚喜的大躍進。

❷ 複製成功

這時的團隊會開始有些成功案例，一有了成功案例，便得慶祝與記錄，以增加前進的動能。團隊很辛苦，作主管的必須時時感謝他們，鼓勵他們，重點是要真心。而這些成功案例一定要能被複製，也可說是一種成功方程式，有利於持續改善及團隊迅速複製。

❸ 培養接班

開始拔擢接班人，成就下屬，等於是成就自己，水漲船也高。

5. 休整階段（Adjourning）

這大概是五個階段中最令人感傷的一個階段。就我的經驗，團隊過於緬懷過去成就，就會減弱下一波的成就能量。猶如易經乾卦，經過飛龍在天之後，出現亢龍有悔，組織會因為享受成功而進入緩慢閒散的狀態。

【狀況】安逸

- **耽於成就**：經過很豐碩的收割，緬懷成就會自然發生。
- **開始鬆懈**：耽於成就之後，自然就會開始鬆懈，不再像前幾期那麼如履薄冰的苦心經營。
- **成長遲緩**：一連串的成長、緬懷成就、加上緊繃後的鬆懈，成長自然要變遲緩，或甚至呈現負成長。

【關注焦點】再造

❶ 人員調動

讓人員作調動（Rotate），一來是再建立戒慎之心，二來是給予新的學習，訓練屬下多元的能力。

❷ 啟動新學習

網路世代，新的課題日新月異，不可留戀在舊的能力當中。我本來只是個大型企業專案經理，後來轉職產品經理，再升任為副總經理，之後變成資深副總經理。每一個轉變都帶來很多新的課題與新的學習，一開始我總認為自己撐不下去，之後卻都游刃有餘，樂在其中，也因為這些多元歷練，讓我更客觀的經歷這整個既寬又深的生意結構。

❸ 設定新目標

一成不變的核心改善事業，只圖幾個百分點的成長，日久讓人覺得乏味，找尋新白地市場，啟動新的商業模式，才會讓人一日千里的蛻變成長。

我曾經Report給過很多不同類型的主管，有的溫和，有的霸道，有的自私，有的寬容。而終究會留下感恩懷念的，就是那些曾經很用心對待，真心希望我變得更好的主管。

屬下的感知並不如我們想像中的弱，相反的，主管的一點一滴都在受到屬下的關注。

　　所以當我升任主管時，我常常告訴自己要善待別人，傳播愛的種子，用心去提升他們的職場競爭力。以後當他們升任主管時，也希望他們能這樣去善待他們的下屬，如此一來，職場自然會呈現良性循環、生生不息。

　　誰說職場非得要爾虞我詐的玩弄政治手段呢？

領導（Leading）

有道是「將帥無能，累死三軍；千軍易得，一將難求」，一個公司的成敗，領導者的素質應該是排序最高的關鍵因素。員工的離職，最大原因也是他們對主管的觀感。領導者很容易讓人聯想到權力，但領導者更需要背負起責任，他必須有打動人心的激勵，解決衝突的智慧，以及達成任務的能力。

以下就領導人的角色、技能、權力先作個簡單定義：

1. 領導人角色

❶ 人際角色

負責屬下所有相關的管理活動、跨部門協調任務，以及組織對外的人際網路。

❷ 資訊角色

蒐集內外相關資訊，經過消化過濾後，將組織政策、計劃、相關做法傳達給內部同仁及對外發佈。

❸ 決策角色

尋找新商機及確認組織經營方向，負責資源分配及指派任務給屬下，危機處理與判斷決策，代表公司對外協商談判，為公司爭取最大利益。

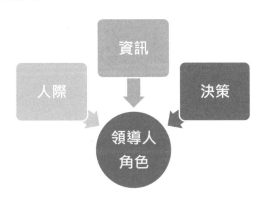

2. 領導人技能

　　一個領導者要兼具人際、資訊、決策三大角色，工作可謂錯綜複雜。所以合格主管必須具備三大能力——技術性能力、人際性能力及概念性能力，又因為階層高低而有些側重不同。基層主管著重技術性能力，負責第一線的執行計劃；中階主管重在人際性能力，負責協調上下並管理基層執行；高階主管主要著重概念性能力，負責公司政策概念及確認商機。

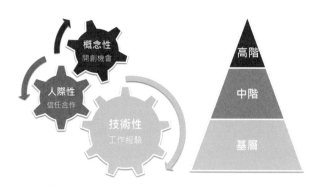

❶ 技術性能力

　　指的是完成某項特殊工作，所需要具備的專屬技能，比較是屬於作業及執行的經驗管理，這種能力能確保產出的品質穩定。在製造單位，指的是作業單位課長；若在經營單位，指的就是行銷部或銷售部的第一線主管。

❷ 人際性能力

　　指的是協調上下、承接高層指派任務的能力。這個技能比較屬於人際的協調管理，確保上下指令通達，左右協調平順，保障公司跨部門運作一致，並運作高層交辦的任務。

❸ 概念性能力

　　是最難養成的技能。一般概念性的洞見必須要具備策略性及創

意性，垂直及水平思考能力兼具的素養，且要具備技術性及人際性的基本技能，以及豐富的工作經驗，因此必須養成一定的閱讀及獨立思考習慣。

3. 領導人權力

一個領導者被賦予任務，當然也必須給予權力，有了權力，主管便可以指揮團隊，一起朝共同目標邁進。這在古代就是將軍手中的「虎符」。領導者的權力分為正式與非正式兩大部分，共有五種權力，組織正式賦予的有法定權、獎賞權、強制權，非正式的有專家權與參照權。簡單解釋如下：

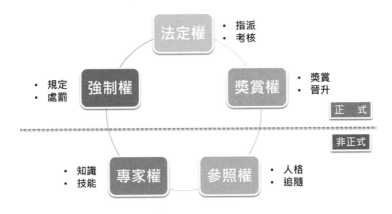

❶ 法定權（指派，考核）

指的是對屬下的指揮權力。基本上，屬下必須無條件配合主管的要求，但需要留意的是，不能一味的單向濫用法定權，必須在一個合理的角度，最好是能讓屬下了解要求背後所蘊含的價值。

❷ 獎賞權（獎賞，晉升）

顧名思義，講的就是領導者對屬下的獎賞權力。主管可對表現績優的員工給予應得的獎勵，譬如升職、調薪、獎金、報酬或是口頭獎勵。

❸ 強制權（規定，處罰）

相對於獎賞權，強制權就是領導者對屬下的處罰權力。主管可對表現不佳的員工給予適當的處罰，讓大家引以為戒，下次不再重犯，譬如降職、減薪或是口頭斥責。

❹ 專家權（知識，技能）

雖屬於非正式的權力，但卻是一個很重要的能力。簡單來說，只有比屬下行，才容易指揮屬下。當然主管很難事事都比屬下強，尤其是輪調到一個陌生領域當主管，但總是必須具備基本的職場能力（也就是本書所指的職場五力）才行。

❺ 參照權（人格，追隨）

指主管的個人魅力，它是一種讓人是否願意追隨的人格特質。有高度參照權的人，一定是個具備高度學識或素養的人，或甚至跨領域的專家，譬如說他可能是一個身心靈諮商師，能夠輔導屬下對人生的價值認知，或是一個在某方面具有高度專業技能的人。

以上，就領導人的角色、技能、權力先作完解釋，接下來是有關於**領導三大法則：訓練法則、激勵法則、衝突法則。**

訓練法則	激勵法則	衝突法則
• 721理論	• 需求觀點	• 衝突五管理
• 經驗 70%	• 雙因子理論	• 合作
• 反饋 20%	• 保健因子	• 強迫
• 教育 10%	• 激勵因子	• 妥協
	• 過程觀點	• 緩和
	• 期望理論	• 擱置
	• 公平理論	

一、訓練法則：721理論

訓練是我在外商工作期間最最注重的項目了。要長期繳出好的績效，要在職涯成長、如心所願，致勝關鍵就在職場能力。

但是這些職場能力並不是傻傻工作就能取得，而是需要透過工作中的深度體會，加上主管或資深人員對你的指導，以及接受合格的專業訓練才行。

一般我們稱之為721訓練法則──

- **經驗**：70%，在職經驗（On-job Experience），盡量讓員工多歷練不同的職掌。
- **反饋**：20%，教練指導（Coach & Guidance），隨時給予員工適切的關心與指導。
- **教育**：10%，專業訓練（Professional Training），定期安排員工需要的專業課程訓練，以幫助員工內化專業知識，並發揮於工作，產生績效。

721訓練法則

主管們可先幫員工作一個職場五力雷達圖的職能健診調查，然後根據目前的健康報告（1～10分），參考他的職掌（行銷、業務或是服務等），再做重點式的強化。譬如Joe是個行銷人員，他就必須要接受行銷課程的訓練，若沒有達到8分以上，就必須再重新加強。在我過去擔任主管期間，我都非常希望能給予員工我的所有分享與學習。

員工		職場五力雷達圖					職場五力訓練課程				
部屬	職掌	思考力	企劃力	銷售力	溝通力	領導力	心智圖法	行銷IMP	銷售WSP	溝通3S法則	領導4大支柱
Joe	行銷	7	7	8	7	6	V	V		V	V
Joy	業務	6	6	7	6	5	V		V	V	V
Richard	業務	7	8	6	5	5	V		V		
Tim	業務	8	8	7	8	7	V		V	V	
Eric	服務	6	6	6	7	6	V			V	

———————— 職能訓練分析圖 ————————

二、激勵法則：需求觀點＆過程觀點

激勵法則是根據人類心理層面來探討人類的行為科學。心理學家一致認為，激勵是強化正面行為，進而達成目標的一個有效手段。

其可從需求觀點及過程觀點來區分，在需求觀點部分，用的是雙因子理論。

●**雙因子理論**：我們以馬斯洛的五大需求來當作滿足的層次，**保障員工的生理及安全層次是保健因子；激發員工有好的人際關係，給予升遷、獎賞，協助找到成就感，就是激勵因子。**

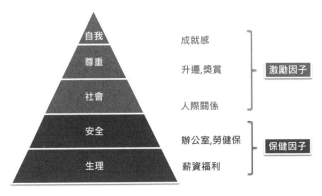

雙因子理論

另一種方式，從過程觀點來看，使用期望理論和公平理論。

● **期望理論**：是從工作動機出發，就是員工一定會抱持著期望來付出工作動機。譬如，他們相信高努力一定會換得高績效，高績效一定會換得高報酬，高報酬一定會換得高價值。因此，為人主管要致力於設定有效的、能滿足期望的獎勵辦法。所以**期望理論的內涵是付出＝回報，關注焦點就是需要設定獎勵辦法。**

● **公平理論**：是從心理過程出發，就是讓員工感受到回報是公平的。不管回報再怎麼滿足期望，一旦他發現別人所得到的回報比自己多而不公平，員工一樣會受到影響，不患多寡，患了不公。因此，主管除了要設定滿足期望的獎勵辦法之外，也得要公正的依照獎勵辦法來執行，千萬不要認為員工不知道你做了什麼，在職場沒有不透風的牆，只有誠實公平可面對一切。所以**公平理論的內涵是一視同仁，關注焦點就是需要依照獎勵辦法。**

三、衝突法則：衝突五管理

同仁意見不同，產生衝突，在職場上司空見慣。有些是建設性衝突，大家只是立場或角度不同，各抒己見而已，主管應鼓勵大家

對事不對人，促成對組織有益的衝突結果；有些是破壞性衝突，一般出於惡意的企圖，這類衝突則必須祭出嚴正的警告或及時遏止。

1.合作	2.強迫	3.妥協	4.緩和	5.擱置
• 雙贏 • 面對 • 解決	• 一贏一輸 • 命令	• 雙輸 • 調解 • 有方案 • 各退一步	• 雙輸 • 接納 • 有共識 • 沒方案	• 沒輸沒贏 • 迴避

　　一般處理衝突的方法有五種，分別是合作、強迫、妥協、緩和和擱置。至於使用何種管理方式，必須依據問題本身、員工性格、緊急程度，作出最佳的判斷。衝突管理是個不太容易處理的課題，處理得不好，會遭致員工不滿，導致組織的產能降低；相反的，處理得好，則會給組織帶來很正面的合作力量。

　　以下舉例幫助大家理解衝突管理的方式差別：

　　阿善師及阿激師對魚的作法各持己見，阿善師想清蒸，阿激師想紅燒，該如何作衝突管理？

方法	管理方式
1.合作	這樣，我們來合作活魚三吃！
2.強迫	出菜來不及了，我說了算！
3.妥協	你們各退讓一步，一半紅燒，一半清蒸，好嗎？
4.緩和	我知道你們都是為了客戶好， 今天如果客戶滿意，我給你們一人5,000元獎金！
5.擱置	先休息一下，魚還是要準時上的，再討論。

控制（Control）

如前面所述，計劃產出目標與策略，組織配置好人力與資源，領導須作出激勵與執行，而控制就要作到檢核與修正。所謂檢核，就是要比較目標與執行的差異，而修正就是找出差異的原因，並作出因應的對策，逐步修正，直到達成目標為止。

關於控制，有兩大法則，就是目標法則和時間法則。

目標法則	時間法則
• 目標板管理 (KPI Dashboard)	• 輕重緩急四管理 • NLP時間線 • 目標設定 • 執行計劃

一、目標法則：目標板管理

控制的第一要件，就是檢核比對計劃、目標及執行進度或結果的差異。在外商工作多年，我最常使用的就是目標板（KPI Dashboard），KPI就是關鍵績效指標（Key Performance Indicator），Dashboard就是儀表板，簡單的說，目標板就是一個隨時可拿來檢視目標達成進度的表格。

目標板範例如下：

員工	衡量三指標		控制五步驟				
			1.目標	2.績效	3.差距	4.原因	5.對策
Joe	1.財務 (Financial)	營業額	100萬	105萬	5萬	價格競爭激烈	放大差異化,避免過度價格競爭
		毛利	20萬	18萬	-2萬		
	2.品質 (Process)	庫存	6週	5週	達成		
		市佔率	45%	50%	達成		
	3.專案 (Project)	雲端列印	500台	400台	-100台	雲端應用短缺	開發雲端列印平台(投資每季50萬)
		服務調查	第一名	第一名	達成		

衡量三指標：1.財務 2.品質 3.專案
控制五步驟：1.目標 2.績效 3.差距 4.原因 5.對策

- **第一欄為員工**：在此可寫上員工的姓名。
- **第二欄為衡量三指標**：一般分為財務、品質、專案。財務是指業績數字的目標；品質是指庫存、市佔率或促銷報酬等操作指標；專案是指主管對員工另外指派的特殊任務，亦可說是一種Assignment（指派），它也是一種栽培（Development）員工的方式。
- **第三欄為控制五步驟**：放上目標，填上績效，比對差距，找出原因，提供對策。找出原因及提供對策是針對進度落後或沒達成目標才需要填的項目。

二、時間法則

1. 輕重緩急四管理

　　大家或許對時間管理已經有一定程度的了解，在此我只作架構性的重點提醒。我們可以用緊急程度跟重要程度將時間分為四大象限，進行輕重緩急四管理。我特別放上排序，是想要表達應該多花些時間作未來的事情（重要而不緊急），才能一直走在別人前面。

一樣的100%時間，只是分配方式不一樣，結果就大不同。當你今天把明天的事做完，到了明天，除了事情早已在昨天完成之外，今天就是再檢查有沒有哪些地方要補強，多出時間便可再拿來做後天的事，這樣的良性循環及推演，要不成功也很難。

職場歷練多年，放眼望去，大多數人都把時間放在緊急的事，不管它重不重要，反正就是急……也難怪成功的人不多。所以說，人分三等人：**上等人，明日事，今日畢；中等人，今日事，今日畢；下等人，昨日事，今日畢。**

	緊急	不緊急
重要	老闆交代 顧客抱怨 緊急事件　　2.急 1.速戰速決 2.快刀斬亂麻	未來計劃 技能提升　　1.重 健康檢查 1.放眼未來 2.改變現在
不重要	不速之客 無聊會議　　3.輕 無謂請託/邀約 1.拒絕 2.交代	八卦聊天 交際應酬　　4.緩 個人嗜好 1.怡情養性 2.輕鬆一下

2. NLP時間線

在NLP神經語言程式學裡，有一種時間線的技巧，大意是說我們可以透過想像讓自己在時間線上自由移動。我們可以回到過去，找到一段充滿活力自信的自己，重溫放大那個感覺，然後把那股正面力量帶回現在。當然也可以回到未來，找到一段想要的美好未來，倒推今天的自己該如何好好努力實現。

不管是時間管理或是時間線技巧，都是屬於一種控制，所以我把它歸在控制這個章節。NLP時間線在職場的應用有兩大技巧，一個是目標設定，一個是執行計劃。

❶ 目標設定

不知道各位是否看過《回到未來》這部電影？片中男主角不小心搭乘時光機回到30年前，巧遇他的母親與父親，在陰錯陽差下，把30年前懦弱的父親變得很勇敢，再回到現代，他的父親已經完全變了一個人，變得既自信又有錢。而如果沒有時光機，又該如何來改變父親呢？

答案是30年前的父親應該要自己知道，如果再不改變懦弱的自己，那麼30年後一定還是很無能，所以應該把自己站在30年後，想像出一個30年後滿意的自己，然後倒推回今天，告訴今天的自己應該要做什麼，才能達到30年後滿意的自己。

如下圖，有三個口訣：**1.回到未來、2.設定目標、3.改變現在**。如果今天的狀況是X，自己也不想改變，那未來就是X1了；而如果你想要未來是Y1，那你一定要把自己從X先改變到Y，這樣Y1才有機會達到。職場也一樣，要先大膽勇敢的去想像未來的目標（假設想要年薪達到200萬元Y1），然後告訴現在的自己（年薪60萬元X），要好好努力做好準備（理想狀態Y），這樣將來才能順利達到Y1。

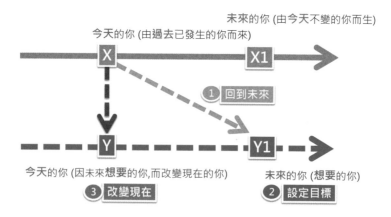

❷ 執行計劃

接續上一個目標設定。當回到未來,設定了目標,也有意願改變現在,然後呢?有了意願還不夠,還要有一連串的執行計劃。

在職場上,NLP時間線執行計劃的口訣是:**倒果為因,以終為始。**也就是先把未來想要達到的目標設好,然後一段段倒著鋪陳,執行計劃,推估出每一個里程碑該做的事。

如以下例子,我們希望在六月要達成新產品銷售目標,那麼從今天(一月到六月之間)便可倒著設立出每個階段的執行計劃(Action items),如果在二月沒做到招募通路,我們就可大膽斷定六月的業績恐難達成。換句話說,若要如期在六月達成,那麼一到五月的子目標務必是使命必達。

掃描QR Code 下載圖檔

　　首先，我把領導四大支柱的心智圖版型拿出來，填上自己的計劃（紅色部分），然後照這個計劃執行。因為方法得當，我還當選過前公司亞洲最佳經理人（Great Manager）。

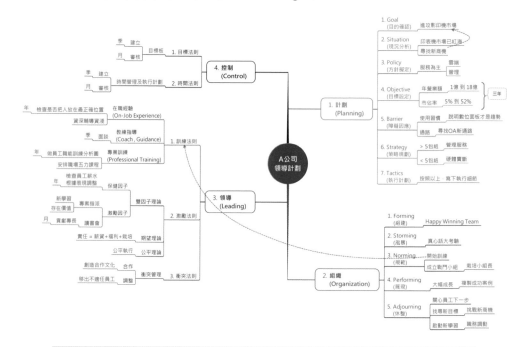

一、計劃

　　領導力的計劃會連結至整合行銷流程（IMP），在此處先標注重點，細節可回到企劃案。

1. 目的確認（Goal）

進攻影印機市場。

2. 現況分析（Situation）

現有印表機市場已紅海，須尋找影印機市場或其它白地市場做為新商機。

3. 方針擬定（Policy）

印表機硬體已無差異，須以雲端服務、管理服務概念為基本方針。

4. 目標設定（Objective）

三年內，數位複合機年營業額從目前1億成長到目標18億，市佔率從目前5%成長到目標52%。

5. 障礙因應（Barrier）

扭轉客戶對數位式介面的負面看法，並尋找OA新通路。

6. 策略規劃（Strategy）

採取雙向策略，Box（硬體賣斷，一個月小於5包紙）及Service（管理服務，一個月大於5包紙）。

7. 執行計劃（Tactics）

按照以上，一一寫下執行細節。

二、組織

1. 組建階段（Forming）

定義團隊為Happy Winning Team，期待大家快樂、學習、成長。

2. 風暴階段（Storming）

大家彼此不信任，我就會來一個真心話大考驗，請大家把心中真正的想法說出來，這樣有助於了解彼此，迅速融合團隊。

3. 規範階段（Norming）

規劃一連串訓練課程，並成立戰鬥小組（例如產品組、企業組、通路組），每一組選出一個較資深或較有能力的人當小組長。這個階段以培養團隊戰力為主。

4. 展現階段（Performing）

不停複製成功案例，每一個專案成功，就探討其成功之處，並迅速複製給其它客戶或其它產品線。

5. 休整階段（Adjourning）

在此時開始討論員工的職場計劃（Career plan），找尋下一個新目標，挑戰新商機，啟動新學習，開始作職務調動。

三、領導

1. 訓練法則

- **在職經驗**：檢查是否把人放在最正確的位置，放錯就得調整（每年一次）。人放好位置後，要安排資深員工去輔導資淺的員工。
- **教練指導**：安排每個員工的面談（每季一次），看看他們的成長狀況，聽聽他們的意見，再作出回應。
- **專業訓練**：先作員工職能訓練分析圖（每年一次），再安排相關職場五力課程。

2. 激勵法則

- **雙因子理論-保健因子**：檢查每個員工薪水（每年一次），視其表現狀況，作出最佳化調整。
- **雙因子理論-激勵因子**：給每個員工一個專案指派，讓他有感受被尊敬、新學習及存在價值。另一方面，舉辦讀書會（每月一次），輪流貢獻所長。

- **期望理論：**盡量作到每個人的責任，就等於他們得到的回報（薪資＋福利＋栽培），這方面我會很嚴格把關，即使是自己能力所不能及，也要秉持同理心跟員工講清楚。
- **公平理論：**對待所有的員工，必須很公平。若有員工覺得受到不公平對待，必須耐心與之對談。

3. 衝突法則

- **衝突管理：**儘管有五大方法，還是鼓勵員工多以合作為主，為大我而努力。若有與本部門成員無法相處的員工，必須協助轉調其它部門或解雇。

四、控制

1. 目標法則

- **目標板管理：**建立目標板（每季一次），並與員工徹底溝通，因為這將是他以後績效評估的根據，之後保持審核（每月一次）。

2. 時間法則

- **時間管理計劃：**搭配目標板，建立時間管理及執行計劃（每季一次），之後保持審核（每月一次），這也算是對員工自我管理的一種訓練。

國家圖書館出版品預行編目資料

職場五力成功方程式：跨國企業高階主管教您運用
心智圖思考創造百億業績/陳國欽著. -- 二版. -- 臺
北市：商周出版：英屬蓋曼群島商家庭傳媒股份
有限公司城邦分公司發行, 2024.01
面；　公分. -- (全腦學習；22)
ISBN 978-626-390-013-4(平裝)

1.CST: 職場成功法

494.35　　　　　　　　　　　　　112022306

全腦學習 22

職場五力成功方程式【暢銷改版】
——跨國企業高階主管教您運用心智圖思考創造百億業績

作　　　者／陳國欽
顧　　　問／孫易新
企 畫 選 書／黃靖卉
責 任 編 輯／林淑華、黃靖卉

版　　　權／吳亭儀、江欣瑜、林易萱
行 銷 業 務／周佑潔、賴正祐、賴玉嵐
總 編 輯／黃靖卉
總 經 理／彭之琬
事業群總經理／黃淑貞
發 行 人／何飛鵬
法 律 顧 問／元禾法律事務所王子文律師
出　　　版／商周出版
　　　　　　台北市 104 民生東路二段 141 號 9 樓
　　　　　　電話：(02) 25007008　傳真：(02)25007759
　　　　　　E-mail：bwp.service@cite.com.tw
發　　　行／英屬蓋曼群島商家庭傳媒股份有限公司城邦分公司
　　　　　　台北市中山區民生東路二段 141 號 2 樓
　　　　　　書虫客服服務專線：02-25007718；25007719
　　　　　　服務時間：週一至週五上午09:30-12:00；下午 13:30-17:00
　　　　　　24 小時傳真專線：02-25001990；25001991
　　　　　　劃撥帳號：19863813；戶名：書虫股份有限公司
　　　　　　讀者服務信箱：service@readingclub.com.tw
　　　　　　城邦讀書花園 www.cite.com.tw
香港發行所／城邦（香港）出版集團
　　　　　　香港九龍九龍城土瓜灣道86號順聯工業大廈6樓A室_E-mail：hkcite@biznetvigator.com
　　　　　　電話：(852) 25086231　傳真：(852) 25789337
馬新發行所／城邦（馬新）出版集團【Cite (M) Sdn Bhd】
　　　　　　41, Jalan Radin Anum, Bandar Baru Sri Petaling, 57000 Kuala Lumpur, Malaysia.
　　　　　　電話：(603) 90578822　傳真：(603) 90576622

封 面 設 計／江孟達工作室
版 面 設 計／林曉涵
內 頁 排 版／林曉涵
印　　　刷／中原造像股份有限公司
經 銷 商／聯合發行股份有限公司
　　　　　　新北市 231 新店區寶橋路 235 巷 6 弄 6 號 2 樓
　　　　　　電話：(02) 29178022　傳真：(02) 29110053

■2015 年 7 月 30 日初版　　　　　　　　　　　　　　Printed in Taiwan
■2024 年 1 月 23 日二版一刷
定價 420 元

城邦讀書花園
www.cite.com.tw

104　台北市民生東路二段141號2樓

英屬蓋曼群島商家庭傳媒股份有限公司城邦分公司　收

- -

請沿虛線對摺，謝謝！

書號：BU1022X　　　書名：職場五力成功方程式【暢銷改版】編碼：

 商周出版

讀者回函卡

線上版讀者回函

感謝您購買我們出版的書籍！請費心填寫此回函卡，我們將不定期寄上城邦集團最新的出版訊息。

姓名：＿＿＿＿＿＿＿＿＿＿＿＿＿＿＿ 性別：□男 □女

生日：西元＿＿＿＿＿＿年＿＿＿＿＿＿月＿＿＿＿＿＿日

地址：＿＿＿＿＿＿＿＿＿＿＿＿＿＿＿＿＿＿＿＿＿＿＿

聯絡電話：＿＿＿＿＿＿＿＿＿＿＿ 傳真：＿＿＿＿＿＿＿＿＿

E-mail ：

學歷：□ 1. 小學 □ 2. 國中 □ 3. 高中 □ 4. 大學 □ 5. 研究所以上

職業：□ 1. 學生 □ 2. 軍公教 □ 3. 服務 □ 4. 金融 □ 5. 製造 □ 6. 資訊

□ 7. 傳播 □ 8. 自由業 □ 9. 農漁牧 □ 10. 家管 □ 11. 退休

□ 12. 其他＿＿＿＿＿＿＿＿＿＿＿＿＿＿＿＿＿＿＿＿

您從何種方式得知本書消息？

□ 1. 書店 □ 2. 網路 □ 3. 報紙 □ 4. 雜誌 □ 5. 廣播 □ 6. 電視

□ 7. 親友推薦 □ 8. 其他＿＿＿＿＿＿＿＿＿＿＿＿＿＿

您通常以何種方式購書？

□ 1. 書店 □ 2. 網路 □ 3. 傳真訂購 □ 4. 郵局劃撥 □ 5. 其他＿＿＿＿

您喜歡閱讀那些類別的書籍？

□ 1. 財經商業 □ 2. 自然科學 □ 3. 歷史 □ 4. 法律 □ 5. 文學

□ 6. 休閒旅遊 □ 7. 小說 □ 8. 人物傳記 □ 9. 生活、勵志 □ 10. 其他

對我們的建議：＿＿＿＿＿＿＿＿＿＿＿＿＿＿＿＿＿＿＿

＿＿＿＿＿＿＿＿＿＿＿＿＿＿＿＿＿＿＿＿＿＿＿＿＿

＿＿＿＿＿＿＿＿＿＿＿＿＿＿＿＿＿＿＿＿＿＿＿＿＿